RAPPORT

SUR

LES INSECTES UTILES.

MINISTÈRE DE L'AGRICULTURE ET DU COMMERCE.

EXPOSITION UNIVERSELLE INTERNATIONALE DE 1878

A PARIS.

GROUPE VIII. — CLASSE 83.

RAPPORT

SUR

LES INSECTES UTILES,

PAR

MM. BALBIANI ET MAILLOT.

PARIS.

IMPRIMERIE NATIONALE.

M DCCC LXXXI.

RAPPORT

SUR

LES INSECTES UTILES.

COMPOSITION DU JURY.

MM. Blanchard, *président*, membre de l'Institut, professeur au Muséum d'histoire naturelle et à l'Institut agronomique, membre du comité d'admission à l'Exposition universelle de 1878... } France.

le marquis de Ginestous, *vice-président*, éducateur de vers à soie, membre du comité d'admission à l'Exposition universelle de 1878... } France.

Balbiani, *rapporteur*, professeur au Collège de France, membre du comité d'admission à l'Exposition universelle de 1878... } France.

Maillot, *suppléant*, directeur de la station de sériciculture de Montpellier... } France.

LA SÉRICICULTURE NOUVELLE.

Depuis tant de siècles que l'art de tisser les étoffes est en possession de la soie de notre Bombyx du mûrier, celle-ci a toujours constitué la plus belle des matières textiles d'origine animale ou végétale. Mais la cherté de ce produit, l'impossibilité de cultiver partout le mûrier qui sert de nourriture aux vers, les épidémies qui, à diverses époques, ont ravagé les magnaneries, toutes ces causes réunies ont maintes fois fait songer à chercher parmi les espèces indigènes ou étrangères des auxiliaires du précieux insecte.

Déjà, au siècle dernier, le président de Bon avait proposé d'u-

tiliser la soie des araignées pour en faire des tissus, et il présenta
même à l'Académie des sciences des bas et des gants qu'il avait
fait fabriquer avec cette matière. A la même époque, en apprenant
à connaître les grands bombycides asiatiques et américains, les
naturalistes ne furent pas seulement frappés de l'ampleur de leurs
formes et de la beauté de leurs couleurs : une pensée utilitaire se
glissa parmi leur admiration. et ils se demandèrent si leurs volumineux cocons ne fourniraient pas une soie utile, même à côté
de celle de notre Bombyx du mûrier. Mais c'est surtout depuis
une trentaine d'années, à l'occasion de quelques éducations heureuses de bombycides exotiques faites dans notre pays, que l'idée
de l'emploi industriel de leur soie s'est fait jour dans les esprits.
En signalant à l'Académie des sciences ces essais tentés à titre de
pure curiosité scientifique. quelques naturalistes, V. Audoin,
Guérin-Méneville, M. Émile Blanchard, émirent l'opinion que
l'industrie séricicole tirerait probablement un parti avantageux de
la naturalisation de ces espèces étrangères qui pourraient remplacer le ver à soie dans les contrées où le climat ne permet pas l'élevage de ce dernier.

M. Blanchard surtout montra que cette espérance était d'autant mieux fondée que plusieurs de ces producteurs de soie
peuvent vivre aux dépens de nos végétaux indigènes, que leur
éducation se ferait par conséquent sans avances de culture et
par suite à beaucoup moins de frais que celle du Bombyx du
mûrier qui exige des plantations spéciales. « Les chenilles de ces
lépidoptères. disait M. Blanchard. se nourrissent de plantes très
semblables à celles de notre pays et vivent parfaitement sur les
espèces qui croissent en France....., c'est-à-dire que ces animaux peuvent être élevés dans notre pays sans qu'on soit obligé
de leur consacrer aucune culture. Dans le voisinage des bois, on
leur trouverait sans frais une nourriture abondante. Les aubépines
qui servent de clôture seraient également utilisées pour la nourriture de ces Bombyx. Les gens les plus pauvres de nos campagnes trouveraient autour d'eux la nourriture de leurs nouveaux
vers à soie. et ils obtiendraient ainsi un produit d'une assez
grande valeur. Les femmes, les enfants, toutes les personnes in-

capables de se livrer à un labeur pénible, suffiraient pour s'occuper un peu chaque jour et pendant quelques semaines des soins à donner à ces chenilles [1]. » Nous avons cru devoir remettre sous les yeux du lecteur ces lignes, qui résument parfaitement l'intérêt qui s'attache à cette question des nouveaux vers à soie, intérêt tout aussi actuel aujourd'hui qu'il y a trente ans lorsqu'elles furent écrites.

Ces essais d'élevage de Bombyx étrangers, entrepris d'abord comme une distraction scientifique, ne tardèrent pas à passer dans le domaine industriel des applications pratiques et à se multiplier dans toutes les parties de la France et même de l'Europe. Nous ne tracerons pas ici l'histoire de cette nouvelle branche de la sériciculture, histoire encore bien jeune, car elle date d'un quart de siècle au plus. Pour être dépourvue des détails pittoresques ou merveilleux qu'on rapporte au sujet de l'introduction en Europe du ver à soie du mûrier, elle n'en présente pas moins un haut intérêt par les difficultés contre lesquelles eurent à lutter les premiers éducateurs pour plier aux conditions de notre climat la nature rebelle de ces nouveaux venus. En tête des plus zélés promoteurs de cette industrie nouvelle, il faut placer Guérin-Méneville, dont la mort regrettable, survenue depuis l'Exposition universelle de 1867, a laissé la place vide à celle de 1878. Il est en effet peu de ces nouveaux producteurs de soie dont Guérin-Méneville n'ait tenté ou encouragé l'introduction en France, ou à la propagation desquels il n'ait contribué pour une part plus ou moins large. Devant me borner ici à l'exposé des progrès réalisés pendant ces dix dernières années, c'est-à-dire depuis l'Exposition universelle de 1867, je renverrai, pour ce qui concerne la période antérieure, au rapport publié par M. Émile Blanchard à l'occasion de cette dernière [2].

Gr. VIII.

Cl. 83.

[1] Émile Blanchard, *De l'acclimatation de divers Bombyx qui produisent de la soie* (*Comptes rendus de l'Académie des sciences*, t. XXIII, 1849, p. 670).

[2] *Exposition universelle de 1867 à Paris* (*Rapports du jury international*, publiés sous la direction de M. Michel Chevalier, t. XII, 1868, p. 403).

I

A cette époque, l'épizootie, qui depuis une vingtaine d'années faisait de si cruels ravages dans tous les pays séricicoles de l'Europe, était dans toute sa violence; rien n'en faisait prévoir la fin, et l'on craignait sinon l'extinction totale de nos races indigènes de vers à soie, du moins la prolongation indéfinie de la crise qui pesait sur notre industrie séricicole, et qui encore aujourd'hui est loin d'être entièrement conjurée. Cette appréhension fit qu'on déploya une ardeur nouvelle dans les tentatives de propagation des insectes séricigènes nouvellement importés, afin de combler les vides causés par le fléau. Trois espèces surtout présentaient alors les plus grandes chances pour pouvoir être acclimatées chez nous. En tête se trouvait le ver à soie de l'ailante (*Attacus cynthia*), espèce de la Chine, introduite et propagée en France par Guérin-Méneville. On sait que cette espèce s'est si bien naturalisée dans notre pays, qu'en moins de dix ans elle s'est complètement émancipée des soins de l'homme, et qu'actuellement elle vit et se multiplie spontanément sur les ailantes de nos parcs et de nos promenades. Malgré cet avantage si grand, la faveur dont jouissait naguère ce ver a beaucoup diminué, surtout depuis que Guérin-Méneville n'est plus là pour stimuler le zèle des éleveurs. A l'Exposition universelle de 1867, on pouvait déjà pressentir ce résultat: il s'est bien plus accusé encore par la rareté et le peu d'importance des produits de l'*Attacus cynthia* qui figuraient à celle de 1878.

La principale cause de cette défaveur est la constitution du cocon du ver à soie de l'ailante. Ce cocon est ouvert et formé de fils fortement incrustés par la matière gommeuse ou le grès, ce qui ne permet de l'utiliser qu'à la manière des déchets de la soie du Bombyx du mûrier, c'est-à-dire par le cardage et non par le dévidage en soie grège, qui donne les étoffes les plus belles et les plus solides. Cependant cette difficulté industrielle paraît levée aujourd'hui par la découverte récente, due à un sériciculteur.

M. Christian Le Doux[1], d'un procédé permettant de dévider les cocons du *Cynthia* et d'en former un fil à plusieurs brins comparable à celui qu'on obtient avec les cocons du ver à soie du mûrier. Ajoutons que le procédé opératoire de M. Le Doux ne nécessitera de la part des filateurs aucune dépense nouvelle, les appareils qui servent à la préparation de la soie grège ordinaire pouvant être employés également au dévidage des cocons de l'*Attacus cynthia;* par conséquent les industriels, qui pour des motifs d'économie se sont toujours montrés hostiles jusqu'ici à toute innovation, n'auront plus de raison plausible pour ne pas utiliser les nouveaux cocons. D'un autre côté, l'ailante ou faux vernis du Japon s'est naturalisé dans notre pays aussi complètement que la chenille qui se nourrit de sa feuille; il pousse partout, même dans les plus mauvais terrains, de sorte que les éducations de l'*Attacus cynthia* pourront se faire presque sans frais et devenir ainsi une source de sérieux bénéfices dans l'avenir.

Gr. VIII.
—
Cl. 83.

II

Si le ver à soie de l'ailante faisait assez triste figure à l'Exposition de 1878, il n'en était pas de même de ses deux congénères les Bombyx du chêne de la Chine et du Japon (*Attacus Pernyi* et *Yama-maï*), dont les produits formaient sans contredit la partie la plus intéressante et la plus originale de l'exposition séricicole.

Ce résultat n'a pas lieu de nous surpendre, car les qualités précieuses de leur soie avaient appelé depuis longtemps l'attention des éleveurs sur ces deux séricigènes. Cette soie est la plus belle après celle du Bombyx du mûrier, et se laisse travailler avec la même facilité. Les vers sont robustes, résistent bien aux intempéries de notre climat, et, par-dessus tout, leur éducation peut se faire à peu de frais, comme celle du Bombyx de l'ailante. La feuille de chêne, dont ils font leur nourriture, qui se perd annuellement par masses énormes dans nos parcs et nos forêts, serait élaborée par le ver en matière textile, de même que l'alfa, cette herbe si

---

[1] Mort en 1880.

Gr. VIII.

Cl. 83.

longtemps inutile des plaines de l'Algérie, a fini par trouver son emploi en se transformant en papier. Du reste, le *Yama-maï* est domestiqué depuis longtemps au Japon, où il est élevé en pleine campagne. Or, dans la partie septentrionale de ce pays, notamment dans l'île Niphon, où l'on s'adonne particulièrement à l'éducation du *Yama-maï*, le climat ne diffère pas sensiblement de celui de nos parties tempérées de l'Europe: dans certains districts, la température s'abaisse même assez souvent pour que les feuilles de chêne soient atteintes par la gelée [1]. Rien ne s'oppose par conséquent à ce que l'élevage du *Yama-maï* prenne la même extension chez nous qu'au Japon. La possibilité des éducations en grand et en plein air ressortait déjà des nombreux essais faits en France et dans d'autres pays de l'Europe, notamment des expériences si concluantes de M. Personnat, qui, en 1865, dans la Mayenne, récoltait 2,000 cocons dans une seule éducation, et de celles non moins décisives de M. de Bretton, en Autriche, où 300,000 œufs furent recueillis, également dans un seul élevage, en 1866. Cette possibilité s'est affirmée de nouveau à l'Exposition universelle de 1878. Tout le monde a pu admirer, dans la section espagnole, la splendide vitrine de M. le marquis de Riscal, renfermant 25.000 très beaux cocons provenant de ses éducations faites à Alia et Guadalupe (province de Caceres), en Estramadure. Les vers sont élevés en plein air, sur un taillis de chênes appartenant à l'espèce du chêne tauzin (*Quercus tozza*) [2]. D'après les derniers résultats publiés, la récolte à Guadalupe s'est élevée, en 1876, à 17 kilogrammes de cocons, et la graine recueillie a été dans la proportion de 9.2 pour 1. Ces résultats font le plus grand honneur à MM. Bonafé et Morin, chargés de diriger les éducations de M. de Riscal, et qui ont fait à la Société d'acclimatation de Paris un intéressant rapport sur les procédés d'élevage qu'ils ont employés avec tant de succès [3].

[1] Voir : *Éducation de l'Attacus yama-maï au Japon, d'après les notes de M. F. G. Adams, secrétaire de la légation britannique à Yedo*, par M. Ravenet-Wattel. (*Bulletin de la Société d'acclimatation*, numéro d'octobre 1876.)

[2] Espèce commune dans la région sud-ouest de la France.

[3] Bonafé et Morin, *Éducations d'Attacus yama-maï dans les propriétés de M. le marquis de Riscal.* (*Bulletin de la Société d'acclimatation*, numéro de janvier 1878.)

L'Italie a fait aussi de sérieux efforts pour introduire chez elle **Gr. VIII.** le ver japonais. Comme spécimen de ses éducations d'Arezzo **Cl. 83.** (Toscane), M. Brizzolari avait exposé un jeune chêne portant parmi son feuillage desséché les gros cocons vert pomme du *Yama-maï*. M. Brizzolari a réussi à acclimater ce ver à soie en Italie avec autant de succès que M. de Riscal en Espagne. Pour donner une idée de l'importance des résultats obtenus par cet éducateur, disons que, dans les derniers cinq ans, il a récolté d'une manière presque régulière 26 kilogrammes de cocons pour 100 grammes de graine mise en incubation [1].

Il était moins facile de soumettre le ver à soie du Japon aux conditions plus rigoureuses de notre climat du nord de la France. C'est cependant le résultat qu'a obtenu M. F. Bigot aux portes mêmes de Paris, à Pontoise. Commencées en 1870, les éducations de M. Bigot ont été poursuivies depuis cette époque avec le zèle le plus louable. Dès 1875, cet éleveur a pu annoncer à la Société d'acclimatation que la naturalisation du *Yama-maï* sous le climat de Paris pouvait être considérée désormais comme un fait accompli. Malgré les vicissitudes de nos saisons, toute l'éducation se fait en plein air; les vers mangent parfaitement les feuilles de nos chênes indigènes, et l'éclosion de la graine coïncide chaque année avec l'épanouissement des bourgeons de chêne, sans qu'il soit besoin de recourir à la réfrigération artificielle pour retarder l'éclosion des œufs. Ce sont bien là les signes d'une acclimatation parfaitement assurée.

Avant de quitter les éducations de M. Bigot, disons quelques mots de ses intéressantes expériences de croisement des *Attacus yama-maï* et *Pernyi*, bien qu'elles ne présentent qu'un intérêt purement physiologique et n'aient conduit jusqu'à présent à aucune application pratique. M. Bigot s'est assuré que les mâles de *Yama-maï* s'accouplent avec la plus grande facilité avec les femelles de *Pernyi* et que le résultat de ce croisement est la ponte d'œufs féconds assez nombreux. Il est beaucoup plus difficile d'obtenir inver-

---

[1] 100 grammes de graine de *Yama-maï* correspondent, comme on sait, pour le rendement en cocons, à environ 12 ou 14 grammes de graine de ver à soie du mûrier.

sement le croisement des mâles de *Pernyi* avec les femelles de *Yama-maï*, et ces unions restent le plus souvent stériles. Les vers hybrides présentent au premier âge une coloration qui n'est exactement ni celle de l'espèce mâle, ni celle de l'espèce femelle, ou le résultat de leur combinaison, comme cela s'observe souvent dans ces sortes de croisements; mais après la première mue, tous les vers ont une tendance à se rapprocher du type *Pernyi*, et cette tendance ne fait que s'accuser davantage avec les mues suivantes. Le cocon participe pour la forme et la couleur aux caractères du cocon dans chaque espèce; il est gris brun avec une teinte verdâtre.

Il serait intéressant de poursuivre ces expériences et de s'assurer si ces hybrides peuvent se reproduire entre eux et pendant combien de générations ils conservent leurs caractères intermédiaires ou mixtes. D'après tout ce que nous savons de ces croisements d'espèces différentes, il est plus que probable qu'au bout d'un certain nombre de générations ils finiraient par retourner au type de l'une des deux espèces dont ils sont issus. C'est ce qui a été remarqué pour les produits du croisement du ver à soie de l'ailante (*Attacus cynthia*) et du ver à soie du ricin (*A. arrindia*), obtenu autrefois par Guérin-Méneville. Au rapport de M. de Quatrefages, ces hybrides, élevés au Muséum d'histoire naturelle, étaient presque tous revenus dès la septième génération au type de l'*Arrindia*.

La Belgique elle-même, bien que son climat soit peu favorable à la sériciculture, n'a pas voulu rester en arrière dans les tentatives d'acclimatation des nouveaux vers à soie. Dans l'exposition de Mme Simon de Fuisseaux et son fils (de Bruxelles), disposée d'une manière intéressante pour l'étude de l'insecte et de ses produits, on remarquait parmi de beaux échantillons de cocons et de soie grège du *Bombyx mori*, les produits naturels et ouvrés de l'*Attacus yama-maï*. Ces éducateurs sont bien près d'avoir réussi à acclimater le ver japonais en Belgique. En 1878, ils ont mis à éclosion quatre mille œufs; l'éducation, faite sur chênes vifs de la Campine belge, a produit deux mille cocons obtenus sur deux mille chêneaux de six ans. L'éclosion, qui a eu lieu du 18 avril au 5 mai, coïncidait parfaitement avec l'épanouissement des feuilles

de chêne, et les pertes ont été relativement minimes. Pendant la **Gr. VIII.**
durée de l'éducation, les vers ont supporté des pluies persistantes, **Cl. 83.**
des vents violents et une température variant de $+5$ degrés centigrades à $+27$ degrés centigrades. Le grainage s'est fait dans de
bonnes conditions. Du reste, les intempéries du climat de la Belgique ne constituaient pas le principal obstacle contre lequel eurent
à lutter les éducateurs ; les pertes occasionnées par les animaux
destructeurs, oiseaux et souris, sont bien plus sensibles et d'autant
plus fâcheuses qu'on n'a pas encore réussi à garantir contre ces
déprédateurs les vers dans les éducations en plein air.

La Belgique sera probablement l'extrême limite à laquelle pourra
s'étendre vers le nord l'élevage du *Yama-maï* en Europe. Déjà en
Angleterre, si nous en croyons M. Alfred Wailly, l'acclimatation de
ce ver devient impossible, à cause des gelées tardives, fréquentes
dans ce pays, qui font périr les jeunes chenilles [1]. L'*Attacus Pernyi*
n'y paraît pas prospérer beaucoup mieux. M. Wailly espère de
meilleurs résultats des bombycides de l'Amérique du Nord, notamment de l'*Attacus polyphemus*, espèce polyphage, à laquelle le climat
froid et humide de l'Angleterre paraît mieux convenir qu'à ses
congénères asiatiques.

III

L'autre espèce de ver à soie du chêne (l'*Attacus Pernyi*), origi-
naire du nord de la Chine, a été, elle aussi, depuis une dizaine
d'années, l'objet de nombreuses tentatives de propagation dans les
divers pays de l'Europe : ce qui s'explique du reste par les excel-
lentes qualités de son cocon, qui est fermé comme celui du *Yama-
maï*, volumineux, et donne au dévidage une soie souple et brillante,
plus estimée même par certaines personnes que celle de ce dernier.
Mais le *Pernyi* diffère, comme on sait, du *Yama-maï* en ce qu'il
est bivoltin, c'est-à-dire se reproduit deux fois dans la même saison,
à la manière de certaines races de vers à soie du mûrier. Sous le
climat de la France et des autres pays tempérés de l'Europe,

[1] *Bulletin de la Société d'acclimatation* (numéro de janvier 1878, p. 49).

Gr. VIII.
—
Cl. 83.

les sujets formant la deuxième génération n'ont pas le temps d'accomplir toutes leurs métamorphoses dans la même année, mais hivernent à l'état de chrysalides qui n'éclosent que le printemps suivant. Il arrive même souvent, lorsque la saison est froide, que les vers sont retardés dans leur développement jusqu'à ce que les feuilles de chêne viennent à manquer, et périssent ainsi faute de nourriture. Beaucoup d'éducateurs, rebutés par les difficultés causées par ces particularités de l'évolution de l'*A. Pernyi* et les échecs répétés qui en ont été la conséquence, ont délaissé cette espèce en faveur du *Yama-maï*, qui est univoltin et à cause de cela plus facile à élever. Ces obstacles créés par l'évolution du *Pernyi* n'existent pas dans les contrées méridionales de l'Europe, où le développement s'effectuant plus rapidement que chez nous permet de faire deux éducations entières dans le cours de la même saison. Aussi c'est un succès complet que nous avons à enregistrer en signalant les essais d'éducation du *Pernyi* faits par M. Perez de Nueros dans la province de Barcelone (Espagne). Les détails nous manquent encore sur les procédés d'élevage de M. Perez de Nueros, et nous ne pouvons que constater ici les heureux résultats qu'on a pu apprécier dans la section espagnole de l'Exposition universelle de 1878 [1]. Nous avons signalé précédemment la réussite non moins complète des éducations de *Yama-maï* entreprises par M. de Riscal dans le même pays; de sorte que l'on peut dès à présent féliciter l'Espagne de la double conquête qu'elle a faite des deux précieux auxiliaires du ver à soie du mûrier.

Le Nouveau Monde fournit aussi son contingent de bombycides producteurs de soie, dont la propagation en Europe est tentée depuis un temps plus ou moins long. Ce sont pour la plupart des espèces originaires du Canada ou des parties tempérées des États-Unis, telles que les *Attacus cecropia, luna, Prometheus, Polyphemus*, etc. Mais les éducations entreprises avec ces espèces ne sont guère sorties jusqu'ici du cercle de simples essais d'amateurs.

Cependant, si l'on considère l'analogie que le climat de leur pays

---

[1] M. Perez de Nueros a publié depuis dans le *Bulletin de la Société d'acclimatation*, numéro d'avril 1879, la relation de ses expériences d'éducation du *Pernyi* à l'air libre.

natal présente avec le nôtre, la facilité avec laquelle on peut les **Gr. VIII.**
—
Cl. 83. élever, car la plupart sont des espèces polyphages, enfin l'excellente qualité de la soie que fournissent plusieurs d'entre elles, on trouvera dans toutes ces circonstances de sérieux motifs pour tenter des éducations en grand qui auraient certainement chance de réussir. Quel intérêt n'aurions-nous pas à acclimater chez nous des espèces séricigènes que l'on peut nourrir avec le hêtre, le chêne, le châtaignier, le saule, le platane, en un mot avec les végétaux les plus divers et les plus répandus. Cela revient à dire qu'on pourrait les élever partout. C'est à ces espèces surtout qu'on peut appliquer ces paroles de M. Blanchard que nous rappelions au commencement de ce travail : « Les gens les plus pauvres de nos campagnes trouveraient autour d'eux la nourriture de ces nouveaux vers à soie, et ils obtiendraient ainsi un produit d'une assez grande valeur. »

Enfin une dernière espèce, l'*Attacus aurata,* de l'Amérique du Sud, que l'on commence à domestiquer au Brésil pour la beauté et l'abondance de sa soie, pourrait être acclimatée, sinon en France, dont le climat ne lui conviendrait sans doute pas, du moins en Algérie, où il serait facile aussi de cultiver le ricin dont la chenille se nourrit.

Les espèces séricigènes que nous venons de passer en revue n'épuisent pas, tant s'en faut, la liste des bombycides exotiques dont nous pourrions faire les auxiliaires de notre Bombyx du mûrier. Il est même probable que d'autres espèces que celles actuellement connues sont utilisées pour leur soie par certaines populations asiatiques. A mesure que nos relations avec les nations de l'extrême Orient deviennent plus fréquentes et plus étendues, que nous apprenons à mieux connaître les produits de leur industrie, nous sommes de plus en plus frappés des ressources que leur esprit inventif a su tirer des productions naturelles de leur pays. Nos prédécesseurs dans l'art du vêtement comme en beaucoup d'autres choses, ils emploient pour la confection de leurs tissus des matières que nous n'eussions certes pas songé à utiliser si nous les avions rencontrées dans notre propre pays.

L'Exposition universelle de 1878 nous en a encore fourni un

exemple récent. Dans la section japonaise figurait un cadre contenant un certain nombre de cocons d'un aspect singulier avec des échantillons de soie cardée et d'étoffe tissée et teinte. Les cocons sont grands, de couleur brune; les fils soyeux sont fortement agglutinés par la gomme, mais, au lieu de former une paroi pleine, ils laissent entre eux des espaces irréguliers, plus ou moins larges, semblables aux mailles d'un réseau. A travers les mailles, on aperçoit la chrysalide à l'intérieur du cocon. Ces cocons à claire-voie s'observent aussi chez d'autres bombycides, par exemple dans notre espèce indigène l'*Aglia tau*. Ceux de l'espèce japonaise n'étaient accompagnés ni de la chenille ni du papillon. Néanmoins, sur notre prière, M. Künckel, aide-naturaliste au Muséum, les a déterminés comme appartenant à l'*Attacus aramis*, espèce de l'Asie orientale. Nous devons à l'obligeance d'un des membres de la commission japonaise les renseignements suivants sur ce ver à soie et l'industrie à laquelle il donne lieu au Japon. C'est dans le centre et au sud de la grande île de Niphon, principalement dans le district de Shinono que l'on exploite la soie de l'*Attacus aramis*. Celui-ci porte dans le pays le nom de *sho-thiou*. Les cocons sont recueillis à l'état sauvage sur le camphrier. Ils sont trop fortement incrustés pour qu'on puisse les dévider, mais on en obtient par le cardage une soie d'un gris brun, crépue, médiocrement fine. La soie tissée donne une étoffe d'une extrême solidité, mais absolument dépourvue de souplesse et de brillant, et rude comme un tissu de laine grossière. Aussi ne sert-elle pas à confectionner des vêtements, mais simplement des ceintures que portent les gens du pays. Dans la partie méridionale de l'île Niphon, on fabrique en outre, avec la matière soyeuse extraite des glandes du ver, des filaments très résistants dits *racine*, qui servent à monter les hameçons destinés à la pêche. La soie de l'*Attacus aramis* n'a pas de qualités assez belles pour nous faire regretter de ne pas pouvoir cultiver chez nous cette espèce avec le camphrier dont elle se nourrit : aussi est-ce à titre de simple curiosité que j'en ai parlé ici.

IV

Une des causes les plus fréquentes des échecs éprouvés dans les éducations des nouveaux vers à soie sont les maladies auxquelles ils sont d'autant plus prédisposés qu'ils sont moins aguerris aux conditions climatologiques de leur nouveau milieu. C'est ce qui nous engage à en dire ici quelques mots en terminant cette étude.

Ces maladies sont au nombre de deux principales comme pour le Bombyx du mûrier, savoir : la pébrine ou maladie des corpuscules, et la flacherie ou maladie des morts-flats.

La flacherie, cette grave et trop commune affection de notre ver à soie ordinaire, sévit aussi fréquemment sur les éducations des nouvelles espèces séricigènes. Les principaux symptômes et les lésions anatomiques que l'on observe chez les vers malades accusent une altération des fonctions digestives, mais la flacherie présente encore beaucoup de points obscurs dans son étiologie. On l'a vue se déclarer sous l'influence de circonstances fort diverses, telles qu'une température trop basse ou trop élevée, l'humidité, une mauvaise alimentation, etc. Mais toutes ces conditions, suivant M. Pasteur, n'agiraient que comme causes occasionnelles, tandis que la cause effective serait le développement d'organismes parasites de diverse nature dans le canal intestinal des vers. Telle est en effet la conclusion qui découle des expériences instituées par M. Pasteur et d'où il résulte que la flacherie peut se transmettre par contagion et par hérédité. Les agents de la contagion sont les organismes (bactéries, vibrions, micrococcus) contenus dans le tube digestif des vers malades et qui sont introduits avec les aliments ou de toute autre manière dans l'intérieur des vers sains. C'est à tort, selon moi, que quelques bacologues ont contesté cette propriété contagieuse de la flacherie. En répétant après beaucoup d'autres les expériences de M. Pasteur, j'ai pu déterminer la maladie chez des vers sains, en leur faisant absorber avec les aliments les organismes qui s'étaient développés chez des vers morts-flats. On peut même transmettre de cette façon la flacherie aux chenilles sauvages. Je me propose de faire dans une autre circonstance l'étude comparative de cette maladie

Gr. VIII.

Cl. 83.

chez le ver à soie du mûrier et les autres bombycides, principalement au point de vue des organismes qui se développent chez les vers malades. Malgré les observations nombreuses dont la flacherie a été l'objet dans ces dernières années de la part des savants et des praticiens les plus éminents, son histoire est loin d'être complètement connue, et elle constitue toujours un grave sujet de préoccupations pour les sériciculteurs.

La pébrine ou maladie corpusculeuse (cette autre affection meurtrière du ver à soie du mûrier) fait aussi parfois de grands ravages dans les éducations des nouveaux bombycides. Elle diffère, entre autres caractères, de la flacherie, en ce qu'elle prend plus volontiers le caractère épizootique, mais elle est comme celle-ci de nature parasitaire et contagieuse. C'est sous forme d'épizootie qu'elle s'est abattue depuis une trentaine d'années sur toutes les contrées séricicoles de l'Europe. Arrivée à son apogée il y a une dizaine d'années, elle semble avoir diminué d'intensité depuis cette époque [1], soit par une décroissance spontanée et naturelle, soit grâce aux moyens prophylactiques qui ont été mis en usage pour arrêter son extension. Mais ces moyens qui consistent à n'employer pour les éducations que des graines pures de tout principe morbide, obtenues par l'importation étrangère ou la sélection microscopique, ne réussissent qu'à restreindre le mal sans le faire disparaître. Nos vers en recèlent toujours le germe dans leur intérieur, d'où il est toujours prêt à sortir pour exercer de nouveaux ravages. Dans son rapport sur la sériciculture à l'Exposition universelle de 1867, M. de Quatrefages déplorait que le fléau fût venu attester sa présence jusqu'au milieu des splendeurs de cette grande fête de l'industrie. Il n'était pas absent non plus à celle de 1878. Une poignée de papillons pris au hasard parmi les lots exposés nous a offert neuf individus corpusculeux sur un individu sain, ce qui n'empêchait pas l'exposant de les présenter comme des spécimens d'une race régénérée par un système particulier d'alimentation!

---

[1] M. de Quatrefages estimait, en 1867, à un milliard la perte totale supportée par la sériculture depuis l'apparition de la maladie en 1854, c'est-à-dire pendant une période de treize ans. Voir *Rapports du Jury international de l'Exposition universelle de 1867*, t. XII, 1868, p. 489.

Au moment de leur importation dans nos contrées infestées, **Gr. VIII.** les nouveaux vers à soie n'ont pas tardé à contracter le mal presque avec la même intensité que le Bombyx du mûrier lui-même. De **Cl. 83.** nombreux échecs constatés à cette époque, principalement dans les éducations en chambre close, ne reconnaissent pas d'autre cause. C'est à la pébrine, suivant M. de Quatrefages, qu'est due la mortalité qui frappait un grand nombre de vers dans l'éducation de *Yama-maï* que M. Personnat avait organisée à l'Exposition de 1867. D'après M. Maurice Girard, qui a longtemps dirigé les éducations de Bombyx étrangers à la magnanerie du Jardin d'acclimatation du bois de Boulogne, les vers étaient fréquemment atteints de la même maladie qu'ils avaient probablement reçue par contagion des éducations de *Bombyx mori* qui se faisaient au même établissement [1].

La facile transmission de la pébrine de notre ver à soie ordinaire aux chenilles des autres lépidoptères résulte des expériences que j'ai faites autrefois sur un certain nombre d'espèces. Ainsi j'ai montré qu'il suffit de nourrir même pendant un seul repas les chenilles au premier âge du *Gastropacha neustria* (vulgairement la Livrée) avec des feuilles saupoudrées de poudre obtenue par le broyement de papillons corpusculeux du Bombyx du mûrier pour les voir presque toutes succomber rapidement à la pébrine. On obtient le même résultat en associant dans une même éducation les petites chenilles sauvages avec des vers à soie corpusculeux. Dans ce cas, la transmission est produite par l'absorption que font les premières des feuilles salies par les excréments des vers malades. Après la mort on trouve tous les organes farcis de corpuscules aux différents âges de leur développement, absolument comme chez les vers à soie qui ont succombé à l'infection corpusculeuse.

Il est cependant certaines espèces de lépidoptères qui restent absolument réfractaires à la pébrine, quelle que soit l'intensité de l'action contagieuse à laquelle elles sont soumises. Telle est l'espèce nuisible et commune dans nos pays qui porte le nom de Bombyx cul-brun (*Liparis chrysorrhoea*). C'est en vain que j'ai cherché à

---

[1] Au rapport de M. Adams on voit sévir quelquefois dans les éducations de *Yama-maï*, au Japon, une maladie caractérisée par l'apparition de taches noires sur la peau des vers et qui n'est probablement autre que la pébrine.

déterminer chez les chenilles de cette espèce, prises à différents âges, l'infection corpusculeuse par les divers moyens qui la produisent si facilement chez le ver à soie du mûrier, le *Gastropacha neustria* et d'autres espèces. Les chenilles du Bombyx cul-brun peuvent manger impunément les feuilles les plus chargées de corpuscules et arrivent au terme de leur développement sans présenter aucun symptôme de maladie. L'examen microscopique ne montre aucun corpuscule dans leurs organes intérieurs, sauf ceux qui ont été ingérés avec les aliments, et qu'on retrouve par milliers dans le canal intestinal, où ils se trouvent rassemblés comme dans un tube inerte, sans manifester aucune tendance à franchir les parois de cet organe.

Ces différences dans l'aptitude des animaux à subir l'action des agents infectieux est un fait des plus ordinaires dans l'histoire des maladies parasitiques. On les explique généralement par l'influence exercée par la race ou l'espèce, sans préciser en quoi consiste cette prédisposition ou cette immunité à l'égard d'une même cause d'infection. Je hasarde l'explication suivante comme une tentative pour rattacher à une simple différence anatomique la manière très inégale dont les divers lépidoptères se comportent en présence des agents de l'infection corpusculeuse. Cette différence consisterait dans l'épaisseur et la densité variables, suivant les espèces, de la tunique interne du tube digestif, tunique formée chez tous les insectes par une couche chitinisée homogène, qui s'étend comme un vernis sur toute la surface interne du canal intestinal. Pour comprendre la relation existant entre ces différences de la membrane interne de l'intestin et l'aptitude à l'infection, il me faut rappeler la manière dont, d'après mes observations, le corpuscule se comporte après qu'il est introduit dans le tube intestinal du ver. Au contact des parois de ce tube, il se ramollit et se transforme en une petite masse de substance homogène qui se déplace lentement à la surface de l'intestin, puis perfore la membrane interne et parvient ainsi dans les couches plus profondes de la paroi. Là, cette petite masse grossit rapidement en absorbant les sucs nutritifs ambiants, et forme dans son intérieur de nouveaux corpuscules, lesquels, mis ensuite en liberté, se multiplient comme le corpuscule primitif.

Leur nombre augmente ainsi rapidement, et ils parviennent, **Gr. VIII.** de proche en proche, jusque dans les organes les plus éloignés, **Cl. 83.** même dans ceux de la reproduction où ils infectent aux sources mêmes de la vie les germes des nouvelles générations [1]. Or, on comprend que, si la membrane interne de l'intestin est mince et délicate, elle se laisse facilement traverser par les corpuscules, tandis que, d'autres fois, elle puisse être plus ou moins consistante, suivant son degré de chitinisation, et devenir alors une barrière infranchissable pour les corpuscules qui ont pénétré dans le canal alimentaire des vers. Ces organismes deviennent alors inoffensifs pour l'animal, comme le sont les bactéries du charbon introduites dans l'intérieur du tube digestif des animaux supérieurs, où elles n'ont aucune action nuisible, tandis qu'elles envahissent le corps tout entier et déterminent une mort rapide lorsqu'elles ont pénétré dans le système circulatoire. Il y a toutefois une différence entre les corpuscules du charbon et les corpuscules de la pébrine introduits dans les voies digestives, c'est que les premiers conservent leur innocuité à l'égard de toutes les espèces animales, tandis que les seconds ne sont inoffensifs que pour certaines espèces et nuisibles pour d'autres.

Nous ignorons jusqu'ici si les espèces séricigènes dont on tente actuellement l'acclimatation en Europe sont toutes également prédisposées à contracter l'infection corpusculeuse, ou s'il n'y a pas parmi elles des espèces plus résistantes que les autres, ou peut-être même complètement réfractaires. Des expériences spéciales pourraient seules nous éclairer à cet égard; elles vaudraient la peine d'être entreprises. Si, parmi les bombycides exotiques, le *Yama-maï* a paru plus fréquemment atteint que ses congénères, le Bombyx du mûrier excepté, cela peut tenir à ce que les éducations du premier ont été plus multipliées et faites sur une plus grande échelle que chez les autres. Si les expériences dont nous parlons venaient à démontrer que ces espèces se comportent d'une manière inégale

[1] Voir, pour plus de détails sur la propagation des corpuscules de la pébrine, mes *Études sur la maladie psorospermique des vers à soie* (*Comptes rendus de l'Académie des sciences*, t. LXIV, 1867); et *Journal de l'anatomie et de la physiologie* du docteur Ch. Robin (t. IV, 1867).

Classe 83.   2

Gr. **VIII**.
—
Cl. **83**.

au point de vue de l'aptitude à contracter la maladie, on ferait sagement de chercher à acclimater de préférence celles qui, toutes choses égales d'ailleurs, présenteraient la plus grande résistance relative, pour ne pas dire une immunité absolue; car il est peu probable que les différences puissent aller jusque-là chez des espèces appartenant toutes à un même genre ou à des genres très voisins.

Hâtons-nous d'ajouter que l'éducation sur les arbres en plein air, qui est le véritable criterium d'une acclimatation parfaite, diminuerait, dans une forte proportion, les chances de propagation de la maladie. Par cette méthode d'élevage, on n'aurait presque plus à craindre le contact des feuilles avec les matières excrémentielles chargées de corpuscules et l'absorption consécutive de ceux-ci par les vers sains. On sait, en effet, que la principale voie de propagation de la pébrine parmi les vers d'une même chambrée est précisément l'ingestion de feuilles souillées par les corpuscules mêlés aux résidus de la digestion.

L'éducation à l'air libre sur les arbres rapprocherait nos espèces industrielles du genre de vie des espèces sauvages, chez lesquelles on n'observe jamais ces épizooties meurtrières qui ont ravagé nos magnaneries et dont notre sériciculture ressent encore vivement les pertes qu'elles lui ont causées.

L'APICULTURE.

Toutes les personnes qui ont été à même de comparer la manière dont l'apiculture était représentée aux deux Expositions universelles de 1867 et de 1878 ont été obligées de reconnaître combien celle-ci était inférieure sous ce rapport à sa devancière. Au premier abord, on était tenté d'attribuer cette infériorité à une diminution de l'industrie apicole en France et dans les autres pays de l'Europe, et cette impression ne pouvait qu'augmenter à la vue des montagnes de cire minérale (ozokérite) qui se dressaient dans le palais du Champ de Mars et semblaient menacer d'une concurrence redoutable la cire des abeilles. Hâtons-nous de dire que telle n'était pas la cause du peu d'importance relative de l'exposition apicole de 1878. La statistique officielle prouve en effet que, loin de diminuer, le nombre des ruches cultivées en France a été, au contraire, en augmentant dans ces dix dernières années: il est actuellement de 2 millions à 2 millions et demi, en moyenne, et le produit, qui était évalué de 15 à 20 millions de francs en 1867, s'est élevé à 22 ou 23 millions. De même que la plupart des autres branches de notre industrie agricole, l'apiculture est dans un état de développement continu, qu'elle doit principalement au perfectionnement des méthodes d'élevage des abeilles et à l'introduction de races d'abeilles étrangères, qui, en se mêlant à notre race indigène, lui communiquent leurs précieuses qualités et l'avivent par l'infusion d'un sang nouveau. Ces heureux résultats doivent être attribués en grande partie à l'influence des sociétés locales d'apiculture dont le nombre se multiplie de plus en plus dans nos départements, et surtout aux efforts de la Société centrale d'apiculture et d'insectologie de Paris, qui, par ses publications, ne cesse de vulgariser les méthodes de culture des abeilles que l'expérience a jugées les meilleures, non seulement en France, mais aussi dans les autres pays de l'Europe.

Si l'apiculture n'a pas été brillamment représentée à l'Exposition universelle de 1878, diverses causes peuvent être assignées à

Gr. VIII.

Cl. 83.

ce fait fâcheux. D'abord l'année n'a pas été bonne pour les abeilles, et il est d'expérience que, dans une mauvaise année. le nombre des ruches diminue, en France, d'un quart et même d'un tiers, parce que les abeilles essaiment peu. Puis, nous devons bien le dire, un certain nombre d'apiculteurs, d'abord pleins de zèle et de bonne volonté. se sont retirés au dernier moment, rebutés par l'installation défectueuse du local affecté à l'exposition des insectes, où abeilles et vers à soie se coudoyaient dans un espace trop exigu. Comme pour racheter cet entassement des produits apicoles de la France dans l'étroit pavillon du Trocadéro, ceux des pays étrangers étaient, au contraire, disséminés dans toutes les parties des immenses galeries du Champ de Mars et perdus au milieu des objets les plus hétérogènes, où l'on avait souvent toutes les peines du monde à les découvrir. Cette dispersion a été la source de beaucoup d'ennuis et d'une grande perte de temps pour le jury : aussi n'oserions-nous pas affirmer que rien d'essentiel n'ait échappé à son attention. malgré tous ses efforts pour remplir consciencieusement sa mission. Ces explications étaient nécessaires pour qu'on ne se méprît pas sur la cause de la triste figure que l'apiculture a faite à l'Exposition universelle de 1878, et qu'on aurait pu attribuer à une décroissance générale de l'industrie apicole. Pour notre pays, du moins. aucune raison plausible ne pourrait être invoquée pour expliquer cette prétendue décadence. et les fleurs de nos champs et de la lisière de nos bois, bien loin de manquer à nos ruchées, pourraient nourrir une population d'abeilles double ou triple de celle qui est actuellement cultivée en France.

I

Un éminent écrivain apicole [1] a dit de l'apiculture « qu'elle est la poésie de l'économie rurale. » Cette comparaison revenait involontairement à l'esprit lorsque, à l'Exposition universelle, on passait la revue des innombrables formes de ruches que l'imagina-

[1] M. le baron d'Ehrenfels.

tion des cultivateurs d'abeilles s'était plu à créer pour servir de **Gr. VIII.** demeure aux insectes, objet de leur affection intéressée. A première vue, on pouvait se convaincre que la vieille querelle des *fixistes* et des *mobilistes,* c'est-à-dire des partisans des ruches à rayons fixes et des partisans des ruches à rayons mobiles, n'était pas près de prendre fin, car les deux camps étaient représentés par de nombreux modèles de ruches. Dans la section française, la plupart appartenaient au système fixiste, tandis que, dans les sections étrangères, en Autriche, en Italie, en Angleterre, c'étaient ceux du type mobiliste qui prédominaient. L'Allemagne, patrie des Dzierzon, des Berlepsch, des Kleine, des Schmidt, c'est-à-dire des apôtres les plus fervents du mobilisme, s'était, comme on sait, abstenue de prendre part à l'Exposition. La Russie, qui est le pays de l'Europe où l'apiculture a pris le plus grand développement, n'était représentée que par deux ruches seulement, appartenant l'une et l'autre au système mobiliste. La Suisse, ce pays apicole par excellence, si bien représentée à l'Exposition de 1867, notamment par les produits de la célèbre maison Mona, du canton du Tessin, ne comptait même aucun exposant.

On se ferait donc une idée fort inexacte de l'extension que la culture des abeilles a prise dans chaque pays, si l'on voulait en juger par l'importance de leur exposition apicole en 1878. On apprendrait tout aussi peu à connaître la méthode de culture la plus répandue dans les divers pays par la proportion relative des ruches de chaque système que chacun d'eux avait envoyées à l'Exposition. Ajoutons que ce sont presque toujours des amateurs qui inventent les nouveaux modèles, et l'on connaît la prédilection de cette classe d'apiculteurs pour les ruches à rayons mobiles. Les fabricants de profession, qui ne manquaient pas non plus parmi les exposants, trouvent également dans la ruche mobile un thème qui se prête à des variations plus nombreuses et plus originales que la ruche fixe. Toutes ces raisons expliquent pourquoi l'école mobiliste était plus largement représentée que son antagoniste. On a beaucoup exagéré, du reste, à notre avis, cet antagonisme des deux écoles. L'une et l'autre ont cherché le perfectionnement en introduisant dans le principe de construc-

tion de la ruche la mobilité : mais elles ne l'ont pas réalisé de la
même façon. Les uns ont rendu la ruche elle-même mobile, en
la formant de deux ou un plus grand nombre de compartiments
superposés et indépendants les uns des autres, ce qui a conduit
à l'invention de la ruche à hausses et de la ruche à chapiteau ; mais
dans celles-ci, les rayons forment en quelque sorte corps avec la
paroi, tandis que les autres, mieux avisés à ce que nous croyons,
ont rompu cette solidarité des rayons avec la ruche, en construisant
les ruches dites *à rayons mobiles,* dans lesquelles les rayons ne sont
pas seulement indépendants de la paroi, mais libres aussi les uns
par rapport aux autres. Ces dernières ruches doivent donc être
considérées comme l'expression la plus parfaite de la mobilisation,
puisque chaque rayon peut être déplacé individuellement, disposition qui constitue évidemment une grande supériorité sur les
ruches à rayons fixes pour toutes les opérations qui se pratiquent
sur les abeilles. Mais si c'est là une vérité incontestable en théorie,
on conçoit que, dans la pratique. et surtout dans la grande culture, il puisse ne pas toujours en être ainsi. Abstraction faite du
prix généralement plus élevé des ruches à rayons mobiles, nous
estimons qu'avec leurs nombreuses pièces se démontant une à une
elles constitueront toujours des objets bien délicats entre les mains
de l'homme des champs. habitué à manier les grossiers outils de
l'agriculture. Les opérations apicoles s'y exécutent aussi avec plus
de lenteur, et le temps est bien quelque chose pour celui qui
possède plusieurs centaines de ruches dans son rucher, et que le
soin de ses abeilles ne réclame pas exclusivement. De tout ceci,
nous conclurons que la préférence à donner à l'un ou l'autre système est affaire de goût, de temps. d'habitudes. nous dirions volontiers de tempérament, et que, tant qu'il y aura des apiculteurs,
ceux-ci se partageront en deux camps. comme ils le sont aujour-
d'hui. Aussi ne sommes-nous pas surpris de voir, dans notre pays
même, des praticiens émérites, tels que MM. Hamet, Vignole, de
Layens, l'abbé Sagot. Drory, etc., se ranger les uns sous la ban-
nière des fixistes. les autres sous celle des mobilistes.

Les partisans de chaque système ont apporté dans leur type
préféré de nombreuses modifications secondaires destinées, dans

leur pensée, à rendre le séjour de la ruche aussi commode et aussi
sûr que possible aux abeilles, à augmenter la qualité et l'abondance de leurs produits, et à simplifier dans la mesure du possible
la manipulation de la ruche. Toutes les modifications concernant
la matière, les formes, les proportions, la disposition intérieure de
la ruche, qui ont été proposées peuvent, nous n'en disconvenons
pas, avoir leurs avantages, peut-être aussi leurs inconvénients ; mais
pour pouvoir en juger en connaissance de cause'il faudrait, comme
le dit M. Blanchard, instituer des expériences comparatives, faites
sur une assez grande échelle. « Tous nos efforts, ajoutait le savant
rapporteur du jury de l'apiculture à l'Exposition universelle de
1867, pour être complètement édifié à cet égard par les apiculteurs
dont les exploitations signalent l'habileté et la parfaite entente de
leur industrie, sont demeurés sans résultat satisfaisant..... On
s'explique fort aisément une semblable divergence d'opinions. Tout
homme qui, par une longue pratique, est devenu habile à se
servir de certains instruments, ne retrouvant plus son habileté ordinaire quand il opère avec d'autres instruments très parfaits dans
la main exercée à leur emploi, n'hésite pas à les condamner. » La
même pensée est exprimée sous une forme plus concise par
M. Hamet : « La meilleure ruche est celle qu'on sait le mieux
conduire. »

Il ne faut d'ailleurs pas perdre de vue qu'on peut faire de l'apiculture parfaitement rationnelle avec toutes sortes de ruches, voire
même avec la vulgaire ruche en cloche ou celle faite d'un simple
morceau de bois creux. Il faut en effet soigneusement distinguer
en apiculture entre ces deux choses : système de ruche et méthode
d'exploitation. On peut employer des méthodes apicoles différentes
avec un même système de ruche, et réciproquement une même
méthode de culture avec des ruches de systèmes fort divers. Mais
quelle différence souvent dans le temps et la peine qu'exigent certaines opérations, suivant qu'elles sont faites avec telle ou telle ruche ! Aussi l'invention de la ruche à hausses, dont on peut, suivant
les besoins, agrandir ou diminuer la capacité par un procédé fort
simple et bien connu, a été un progrès marqué sur la ruche d'une
seule pièce ou ruche vulgaire, par la facilité avec laquelle elle

permet de faire la réunion des colonies, qui donne des populations fortes et productives, ou la division d'une population trop nombreuse en deux ou plusieurs colonies au moyen de l'essaimage artificiel par division. S'agit-il, d'un autre côté, de chercher dans une ruche la reine vieillie pour la remplacer par une mère plus jeune et plus féconde, ou pour substituer à l'ancienne mère une mère d'une autre race, la ruche à rayons mobiles, qui permet d'enlever et d'examiner séparément chaque rayon, rendra cette opération bien plus facile que la ruche à hausses la mieux construite, où elle ne pourra s'effectuer le plus souvent sans détruire ou endommager un certain nombre de rayons. Par contre, comme nous l'avons dit, la ruche à rayons mobiles présente l'inconvénient d'être plus délicate à manier et d'exiger un temps plus long pour faire la récolte et la plupart des autres opérations.

Quelques apiculteurs éclectiques ont cherché à combiner les avantages des deux systèmes en construisant des ruches dites *mixtes,* c'est-à-dire dont une partie est destinée à recevoir des rayons mobiles et l'autre des rayons fixes. Telle est la modification de la ruche à chapiteau, où le corps de la ruche reçoit, comme à l'ordinaire, des rayons fixes, tandis que le chapiteau est muni intérieurement de cadres mobiles. La ruche vulgaire elle-même, si répandue dans un grand nombre de localités de la France, peut être ainsi transformée en ruche mixte, en pratiquant une ouverture à la partie supérieure et en la surmontant d'une boîte ou de tout autre récipient garni de rayons mobiles. Les partisans du mobilisme pourraient même, à l'imitation de ce qui s'est fait récemment dans beaucoup de localités de l'Allemagne, transformer complètement la ruche vulgaire en ruche mobile, en pratiquant, à droite et à gauche de la paroi intérieure, des rainures ou en y fixant des traverses destinées à recevoir des barrettes ou des cadres. Rien de surprenant de voir Dzierzon, dans le zèle de sa propagande mobiliste, proclamer cette transformation de la ruche vulgaire en ruche mobile. le plus important progrès réalisé dans ces dernières années par l'apiculture allemande [1].

[1] Bien que Dzierzon ne soit pas proprement l'inventeur de la ruche mobile, dont on peut faire remonter l'idée première jusqu'aux Grecs anciens, son nom s'est tellement

Puisque le nom de Dzierzon s'est trouvé sous notre plume, et il était difficile de ne pas le rencontrer dans un pareil sujet, nous allons montrer, par un exemple d'autant plus significatif qu'il concerne le grand maître lui-même des apiculteurs allemands, avec quelle réserve on doit apprécier les ruches les mieux construites en théorie, mais dont la valeur pratique n'a pas été consacrée par une longue expérience. Lorsque, vers 1857, Dzierzon fit connaître sa fameuse ruche, dite *ruche jumelle,* composée essentiellement, comme on sait, de deux ruches à cadres contiguës, elle devint promptement l'objet d'un engouement général en Allemagne, et les apiculteurs les plus renommés de ce pays, tels que Kleine, le comte Stosch et autres, la saluèrent comme un véritable chef-d'œuvre. Berlepsch fut à peu près le seul qui osât en faire la critique, principalement au point de vue du bon hivernage des abeilles. Aujourd'hui, après une expérience de vingt années, les faits ont donné raison à Berlepsch, et la ruche jumelle commence à être délaissée par ceux-là mêmes qui l'avaient le plus prônée à l'origine. Il est même probable que son abandon eût eu lieu beaucoup plus tôt, sans le prestige qui s'attachait au nom de l'inventeur. C'est qu'il y a en effet un meilleur juge que l'homme des qualités d'une ruche : ce sont les abeilles pour lesquelles la ruche est faite.

L'exemple que nous venons de citer devait rendre le jury très circonspect dans l'appréciation des nombreux modèles de ruches soumis à son examen, telle modification qui, à première vue, paraissait une innovation heureuse, pouvant, comme dans la ruche jumelle de Dzierzon, ne pas répondre à son but lorsqu'on la soumettrait à une expérience suffisamment prolongée. Cependant, parmi les ruches qui figuraient à l'Exposition, il en est un certain nombre qui ont été jugées dignes d'être recommandées aux essais des apiculteurs, soit parce qu'une assez longue pratique avait permis d'en juger les avantages, soit parce qu'elles présentaient des améliorations évidentes en rapport avec certaines conditions locales ou pratiques. Telles sont, dans la section française, les ruches exposées par MM. Hamet, Cayatte, Abadie-Ferran, dans le système à rayons

Gr. VIII.
—
Cl. 83.

identifié avec le système du mobilisme, qu'en Allemagne l'expression de *ruche dzierzonisée* est devenue synonyme de ruche à rayons mobiles.

fixes; celles de MM. l'abbé Sagot, J.-P. Arviset, Maine, Delinotte, Saint-Peé, dans le système à rayons mobiles. Ces apiculteurs se recommandaient en outre aux suffrages du jury par leur exploitation rationnelle des abeilles et la part plus ou moins large qui revient à chacun d'eux dans la propagation des meilleures méthodes. Sous ce rapport, une mention spéciale est due à M. Hamet, secrétaire de la Société d'apiculture de Paris, et M. Vignole, président de la Société apicole de l'Aube, dont les publications ou l'enseignement ont beaucoup contribué aux progrès de l'apiculture en France. Nous ne devons pas oublier M. Beuve, instituteur dans l'Aube, qui, dans une sphère plus modeste, travaille avec beaucoup de zèle à répandre autour de lui les bons principes.

Dans la section autrichienne, M. le baron de Rothschütz, président de la Société d'apiculture de la Carniole, a exposé, parmi de nombreux produits et instruments apicoles, une ruche construite d'après une idée ingénieuse. Cette ruche permet d'apprécier jour par jour, et même presque heure par heure, le poids de la récolte. C'est une ruche à cadres, haute, verticale, formant corps avec une balance romaine dont le cadran, placé dans une sorte de chapiteau surmontant la ruche, peut indiquer jusqu'à 5o kilogrammes le poids de l'essaim, du miel et de la cire. Dans la même section nous signalerons encore l'élégant modèle, dit *ruche suisse,* de M. Reibstein, apiculteur à Bubene, près de Prague. Elle appartient, comme la précédente, au type des ruches hautes et se compose de trois étages, dont chacun renferme onze cadres mobiles et est muni de deux portes pour les abeilles. Un toit mobile, de la forme de celui d'un chalet suisse, surmonte l'édifice. Cette ruche, de même que la ruche à cadran de M. de Rothschütz, ne peut convenir qu'à des éducations d'amateur, en raison de l'élévation de leur prix. Nous leur préférons comme bien plus pratiques, moins coûteuses et pourtant d'une construction fort soignée, les ruches dites *Prinzstöcke,* exposées par la Société d'apiculture de la Bohême. Celles-ci ont la forme de boîtes rectangulaires, horizontales, longues de 85 centimètres, hautes et larges de 38 centimètres. Elles peuvent contenir vingt cadres sur un seul rang. Un regard vitré et fermé par un bouchon de paille est placé sur chacun des petits côtés: quatre ouvertures simplement bouchées sont pratiquées sur le dessus de **Gr. VIII.** la ruche. Les parois sont construites en paille et épaisses de 5 cen-

Cl. 83.

timètres, ce qui est une condition de solidité et de bonne conservation de la chaleur.

L'apiculture italienne était représentée par l'exposition de la Société centrale d'encouragement pour l'apiculture en Italie, et par celles de MM. Sartori, de Milan, Orazio Martino, de Villetta, Pietro Pilati, de Bologne, et Crema, de Turin. Le grand nombre et la variété des modèles de ruches présentés par ces divers exposants indiquent l'importance que l'apiculture a prise de nos jours en Italie, grâce surtout à la fondation, en 1870, de la Société centrale d'encouragement, à laquelle se sont promptement affiliées de nombreuses sociétés locales [1]. Les ruches appartiennent presque toutes au système mobiliste, qui paraît décidément en honneur dans la patrie de Virgile. Elles ne s'éloignent pas sensiblement de la plupart des modèles de ce système actuellement usités en France et en Allemagne. Nous avons remarqué seulement parmi les ruches exposées par M. Sartori une ruche à cadres, horizontale, formée de trois compartiments réunis par des crochets. Les cadres sont disposés parallèlement au grand axe de l'ensemble. C'est une ruche à trois divisions, qui permet de faire facilement les réunions des colonies par juxtaposition et certaines autres opérations, mais peut-être aux dépens de la solidité de la ruche.

La Grande-Bretagne avait envoyé à l'Exposition un assortiment

[1] Les chiffres suivants pourront donner une idée de l'importance que présente actuellement la culture des abeilles en Italie. La production du miel est évaluée à 1,533,880 kilogrammes, représentant une valeur de 1,385,000 lires, et celle de la cire à 380,820 kilogrammes, valant 1,590,000 lires. La cire est généralement d'excellente qualité; quant au miel, la qualité varie suivant les localités, mais on en récolte encore qui rappelle le miel, jadis fameux, du mont Hybla, en Sicile. On n'en fait pas une grande consommation comme substance alimentaire; la majeure partie est employée par l'industrie et la pharmacie. La cire trouve de plus larges débouchés dans la fabrication des cierges et des bougies; la production indigène n'y suffit même pas, et une grande quantité est importée annuellement d'Anatolie, de Valachie, de Moldavie, de Grèce, et même d'Afrique et d'Amérique. Cette grande consommation de cire n'a rien d'étonnant dans un pays qui est le centre de la catholicité et où un nombre considérable de cierges sont brûlés dans les églises. Avec l'Italie, la Russie consomme aussi une énorme quantité de cire, et cela pour des raisons analogues.

Gr. VIII.
—
Cl. 83.

varié de ruches : ruche du cottage, de la ferme et du château,
ruches des dames et des paysans. La plupart sortaient des deux
grandes maisons Georges Neighbour et fils, de Londres, et Abbott
frères, du comté de Middlesex. Quelques-unes sont remarquables par
leur élégance et leur confortable tout anglais; mais presque toujours leur construction est compliquée par des additions inutiles de
portes, de couvercles, de tiroirs, de volets, de cloches de verre, etc.
L'exécution en est supérieure, et malheureusement aussi le prix
élevé. Le modèle le plus remarquable de MM. Abbott frères est le
Standard, ruche à cadres, à double paroi de bois pour conserver
la chaleur et empêcher l'accès de l'humidité dans l'intérieur de la
ruche. Signalons encore une autre ruche d'observation de M. Wilson
Brice, de Newbury, formée d'une série de cadres placés chacun entre
deux vitrages et serrés les uns contre les autres dans une enveloppe
en bois.

Ce n'est pas sans regret qu'on a vu le faible contingent que la
Russie, ce pays apicole par excellence, avait envoyé à l'Exposition.

Deux ruches seulement, l'une de M. Borissovsky, de Moscou,
l'autre de M. Freywirth, de Riga, étaient exposées dans l'annexe de
la section russe. Ce qui frappait tout d'abord dans ces ruches,
c'étaient leurs vastes proportions. Les grandes ruches sont surtout
utiles dans les contrées où la flore mellifère est d'une grande
richesse, mais en même temps d'une courte durée. Ces conditions s'observent particulièrement en Russie. Aussi les ruches de
ce pays étonnaient-elles déjà par leurs dimensions nos apiculteurs, qui les voyaient pour la première fois à l'Exposition universelle de 1867, où une collection bien plus variée était placée
sous les yeux des visiteurs. La ruche de M. Borissovsky est une
sorte de vaste armoire remplie de cadres, haute de 66 centimètres, large de 31 centimètres et profonde de 38 centimètres.
La ruche de M. Freywirth présente une disposition plus originale.
C'est une grande ruche tournante, renfermant deux étages de
cadres disposés comme les rayons d'une roue autour d'une colonne centrale verticale pouvant être mise en rotation par une
manivelle. Les deux étages de cadres peuvent se mouvoir indépen-
damment l'un de l'autre, et les cadres viennent se présenter suc-

cessivement devant une ouverture placée au côté opposé à l'entrée
des abeilles et fermée par un carreau mobile. Du reste, la Russie
n'a pas la spécialité des grandes ruches. En France, dans certaines
localités du département des Pyrénées-Orientales, on trouve des
ruches qui égalent, si elles ne les dépassent même, les proportions
des ruches russes, car elles mesurent jusqu'à 1 mètre de haut sur
50 centimètres de large. Ces ruches peuvent rapporter jusqu'à
12 kilogrammes de miel.

Gr. **VIII.**
—
Cl. **83.**

II

Ce rapport ne donnerait qu'une idée incomplète des progrès
réalisés en apiculture depuis l'Exposition universelle de 1867, s'il se
bornait à ne parler que des objets mis sous les yeux du public
en 1878.

En effet, le rôle de l'apiculteur ne consiste pas seulement à ima-
giner les logements les plus sûrs et les plus commodes pour les
abeilles, à inventer ou perfectionner les instruments servant à
l'exploitation de leurs produits. Il doit s'attacher aussi à prévenir
ou à guérir les maladies auxquelles les abeilles sont sujettes et
dont la plus grave est la loque ou pourriture du couvain. Ainsi que
son nom l'indique, elle atteint les larves et les nymphes renfer-
mées dans les cellules et en amène rapidement la décomposition.
Le grand danger de la loque ne consiste pas seulement en ce
qu'elle détruit le couvain, salit les rayons et rend leur emploi
impossible pour obtenir de nouveau couvain ; essentiellement
contagieuse, elle envahit graduellement toutes les cellules d'une
même ruche, s'étend de celle-ci aux ruches voisines et va même
jusqu'à atteindre toutes les ruches d'une même contrée.

Réputée incurable jusqu'à ces derniers temps, la loque était la
terreur du cultivateur d'abeilles, de même que la flacherie, avec
laquelle elle présente beaucoup de ressemblance, est celle de l'éducateur de vers à soie. Mais la loque a perdu beaucoup de son caractère redoutable depuis que, en apprenant à mieux connaître la
nature du mal, on a été mis, ainsi que cela arrive souvent, sur la
voie du remède. Les études du docteur Preuss, du pasteur Schönfeld

et d'autres ont montré que la loque est une affection parasitaire, due à une végétation cryptogamique qui se développe dans le couvain, tue et détruit les tissus délicats des larves et des nymphes. Un hasard heureux voulut que, presque en même temps que cette découverte fut faite, le professeur Kolbe trouva dans l'acide salicylique une substance éminemment propre à la destruction des organismes inférieurs animaux et végétaux. L'action de l'acide salicylique contre la pourriture du couvain fut expérimentée avec succès par l'apiculteur polonais Hilbert, qui rendit son procédé public, en 1875 et 1876, aux congrès apicoles de Strasbourg et de Breslau. Ce procédé consiste dans l'emploi d'une solution d'alcool salicylique au 8° ou au 10°, que l'on étend de trente fois son volume d'eau à 20 degrés au moment de s'en servir. A l'aide d'un pulvérisateur à liquide, on projette tous les cinq jours sur les rayons et le couvain malade une certaine quantité de cette solution. jusqu'à ce que la guérison soit complète. Pour la désinfection des ruches vides ou des gâteaux qui ne contiennent plus de couvain, on peut se servir d'une solution salicylique plus concentrée. L'acide phénique. qui coûte moins cher. peut être également employé pour cette purification. Enfin Hilbert recommande aussi l'administration interne du remède que l'on fait absorber aux abeilles en leur donnant du miel mélangé à une petite quantité d'alcool salicylique. Pendant le traitement des ruches atteintes de loque, il est prudent. suivant le conseil de Dzierzon. d'enlever la reine, afin d'empêcher celle-ci de garnir de nouveau couvain les rayons avant que le mal ait complètement disparu. L'avantage des ruches à rayons mobiles sur celles à rayons fixes pour exécuter les opérations que nous venons de décrire est évident, et nous n'y insistons pas. Dans les ruches fixes, il faut enlever avec le fer les portions les plus infectées des rayons et ne laisser que celles que les abeilles peuvent facilement couvrir et nettoyer.

III

Parmi les autres questions sur lesquelles l'attention des apiculteurs éclairés a été appelée dans ces dernières années, il faut

placer celle de l'alimentation artificielle des abeilles au printemps. **Gr. VIII.**
Si, comme on l'a dit, un bon hivernage est le chef-d'œuvre de
l'apiculteur, les soins que les abeilles réclament au printemps **Cl. 83.**
demandent aussi beaucoup de discernement de la part du posses-
seur de ruches. Lorsque la végétation est tardive ou qu'un mauvais
temps prolongé ne permet pas aux abeilles d'aller butiner au
dehors, il y a avantage à les nourrir afin de les exciter à une production active de couvain et d'avoir ainsi une population forte,
toute prête au moment de la première récolte, qui est la plus
abondante de l'année. Dans ce but, c'est presque toujours du miel
pur, ou plus ou moins dilué avec de l'eau qu'on a coutume de
leur présenter comme aliment, ou, à son défaut, une solution de
sucre de canne ou de glucose.

Cette nourriture, qui convient parfaitement aux abeilles pendant l'hiver par l'abondant dégagement de chaleur que les matières sucrées donnent en se brûlant dans l'économie, n'est plus
aussi convenable lorsque l'alimentation artificielle est destinée à
provoquer une forte production de couvain. Ce but n'est réellement
atteint que lorsque l'aliment contient une proportion suffisante de
matière azotée. Celle-ci n'existe pas dans le sucre ou le miel ; mais
les abeilles se la procurent dans le pollen, qu'elles butinent si acti-
vement au premier printemps pour la nourriture du couvain. La
provision de pollen que renferme la ruche est souvent épuisée avant
que la température leur permette de sortir pour aller recueillir de
nouveau pollen au dehors. Il en résulte que la production du couvain diminue ou cesse même entièrement par disette de la nourriture azotée, alors que la ruche aurait le plus grand besoin d'une
population forte en vue de l'abondance de la récolte prochaine.

Il s'agissait donc de trouver une substance douée de qualités
nutritives analogues à celles du pollen et qu'on pût présenter facilement aux abeilles pour nourrir leur couvain. M. Émile Hilbert,
dont nous avons déjà parlé comme l'inventeur d'un traitement
efficace de la maladie de la loque, s'est acquis un nouveau titre à
la reconnaissance des apiculteurs en leur faisant connaître dans
les œufs et le lait deux excellents succédanés du pollen. M. Hilbert
s'est livré à de nombreux essais d'alimentation des abeilles avec

Gr. VIII.
—
Cl. 83.

les œufs et le lait, et en a reconnu les bons effets sur la production du couvain. Celui-ci trouve effectivement dans cette nourriture la substance azotée dont il a besoin pour son assimilation. Le lait contient, en outre, l'eau nécessaire à la préparation de la bouillie avec laquelle les abeilles nourrissent leurs larves. On leur donne le lait cuit et mélangé avec une solution de sucre ; le miel convient moins, parce qu'il fait coaguler le lait. Le contenu de l'œuf est intimement mélangé avec du miel ou du sucre dissous dans l'eau. Ces deux mélanges remplacent parfaitement la bouillie prolifique naturelle préparée avec du miel, du pollen et de l'eau. On a remarqué que les abeilles ne prennent du mélange d'œuf et de sucre que la quantité strictement nécessaire à la préparation de la pâtée offerte aux larves, tandis qu'elles emmagasinent dans les cellules une certaine quantité du mélange de lait et de sucre, comme elles le font pour le pollen lui-même.

Le mode d'alimentation artificielle proposé par M. Hilbert a déjà été expérimenté en Allemagne par un grand nombre d'apiculteurs, qui en ont obtenu de bons résultats. Nous le croyons, en effet, destiné à rendre des services dans tous les cas où le nourrissement a pour objet d'obtenir de fortes populations, soit pour augmenter la récolte du miel, soit pour multiplier le nombre des colonies.

L'influence d'un régime très nourrissant s'exerce aussi à la longue sur les abeilles elles-mêmes complètement développées. Leuckart rapporte avoir disséqué des ouvrières qui, pendant quinze jours, avaient été nourries avec un mélange d'œufs de poule et de miel. Chez plusieurs d'entre elles, il trouva les gaines ovigères plus ou moins développées et renfermant des germes d'ovules. On prétend même que dans la pâtée royale que reçoivent les larves de mères entrent des œufs enlevés aux cellules et digérés en partie par les ouvrières chargées d'élever ces larves.

<h1 style="text-align:center">IV</h1>

L'histoire physiologique des abeilles s'est enrichie, dans ces dernières années, de quelques observations nouvelles qui ne sont pas sans intérêt pour la pratique apicole.

Tous les apiculteurs instruits savent que, dans une ruche bien **Gr. VIII.**
organisée, le soin de multiplier le nombre de ses habitants est
exclusivement dévolu à un seul individu, qui est la reine ou abeille **Cl. 83.**
mère. On admet généralement qu'après sa fécondation par un
mâle ou faux bourdon, la mère peut, à volonté, faire agir ou non
sur l'œuf qu'elle va pondre la liqueur séminale déposée dans ses
organes. Dans le premier cas, c'est une ouvrière qui naîtra de
l'œuf; dans le second, c'est un mâle; par conséquent, l'ouvrière
seule a un père et une mère, tandis que le mâle n'a qu'une mère.
Il en résulte encore que, dans le croisement de deux races
d'abeilles, les ouvrières seules sont métisses, et que les mâles sont
toujours de la race maternelle. C'est ainsi, par exemple, que de
l'union d'une reine de race jaune ou italienne avec un faux bourdon
de race noire ou française naîtront des ouvrières ou des reines
métissées, mais des mâles jaunes ou de race italienne pure comme
leur mère. Ces faits forment ce qu'on appelle la *théorie de Dzierzon*,
du nom de l'apiculteur qui les a déduits de ses patientes observations. Ils représentent en quelque sorte les lois constitutionnelles
du gouvernement des abeilles, et tout apiculteur qui se pique
d'être au courant de son métier les prend pour guide dans la
conduite de ses colonies. Il est de fait que ni la science ni la pratique ne les ont encore trouvés jusqu'ici en défaut. Dans ces derniers temps seulement une objection s'est produite contre cette
théorie; elle a pour auteur M. Pérez, professeur à la Faculté des
sciences de Bordeaux. Dans une ruche dont la reine, de race italienne pure, avait été fécondée par un mâle français et qui, d'après
la théorie, n'aurait dû renfermer que des faux bourdons de race
italienne comme leur mère, M. Pérez a constaté trois sortes de
mâles : les uns italiens purs, les autres français sans mélange, et les
derniers métis à des degrés divers. M. Pérez conclut de cette
observation que les œufs de mâles sont fécondés aussi bien que les
œufs d'ouvrières par le sperme déposé pendant l'accouplement dans
le réservoir séminal de la mère, et que, par conséquent, la théorie
de Dzierzon est fausse.

Nous n'avons pas à examiner ici les objections qui ont été faites
à M. Pérez par les défenseurs de cette théorie, ni les arguments

Gr. VIII.
—
Cl. 83.

par lesquels ce savant s'est efforcé de les repousser. Dans une question aussi délicate, où les causes d'erreur peuvent passer si facilement inaperçues, nous pensons qu'un seul fait ne suffit pas à infirmer une doctrine si bien établie. D'ailleurs ce n'est pas uniquement par des observations de l'ordre de celles relatées par M. Pérez qu'on parviendra à en démontrer la fausseté, pas plus que ces observations seules n'eussent suffi à la faire accepter. N'oublions pas, en effet, que c'est grâce surtout au concours que lui ont prêté deux naturalistes éminents, MM. de Siebold et Leuckart, que, malgré tout son talent comme observateur, Dzierzon a réussi à faire triompher sa manière de voir sur le mode de reproduction des abeilles. Nous sommes en droit de demander à M. Pérez de nous donner d'autres preuves que les choses se passent comme il l'indique. Parmi ces preuves il en est une surtout qui constituerait un argument sans réplique : ce serait la constatation de filaments spermatiques dans les œufs de mâles aussi bien que dans les œufs d'ouvrières. On sait que ces filaments ont été vainement cherchés autrefois dans les premiers par MM. de Siebold et Leuckart, tandis que les seconds leur en ont présenté dans la plupart des cas. Malgré le doute que M. Pérez cherche à jeter sur les résultats de ces savants, nous continuerons, quant à nous, à les tenir pour exacts jusqu'à ce qu'il nous ait prouvé qu'il en est autrement.

Une autre observation considérée aussi pendant assez longtemps comme contraire à la théorie de Dzierzon a reçu de nos jours seulement son interprétation exacte. On avait remarqué que certaines mères pondaient des œufs qui n'arrivaient jamais à éclosion : tantôt c'était à la suite d'une période de fécondité plus ou moins longue que survenait la ponte des œufs stériles ; d'autres fois la stérilité avait commencé dès la première ponte et avait persisté dans toutes les pontes suivantes. Les adversaires de Dzierzon se sont naturellement servis de ce fait comme d'un argument contre la justesse de ses vues. « Puisque, disaient-ils, selon la théorie, l'abeille mère pond des œufs toujours susceptibles de se développer, qu'ils soient fécondés ou non, il ne devrait jamais y avoir d'œufs stériles chez l'abeille ; par conséquent cette stérilité doit être attribuée à la même cause que chez les autres insectes, c'est-à-dire au

défaut de fécondation des œufs. » MM. Claus, de Siebold et Leuc- **Gr. VIII.**
kart se sont chargés de répondre au nom des partisans de Dzierzon.
En disséquant des mères qui avaient pondu de pareils œufs, ces **Cl. 83.**
savants ont reconnu que la cause de la stérilité résidait dans une
altération des gaines ovigères, notamment dans la dégénérescence
graisseuse des éléments désignés sous le nom de *cellules vitellogènes*.
Il s'agissait par conséquent d'un fait pathologique qui ne pouvait
porter aucune atteinte aux idées de Dzierzon. C'est ainsi qu'en
allant au fond des choses, on n'a pas encore trouvé jusqu'ici un
seul fait contraire à la théorie que le célèbre praticien a mise
comme un code entre les mains des apiculteurs pour leur servir
de règle de conduite dans le gouvernement de leurs colonies. Cette
théorie sera probablement toujours la base de toute apiculture
rationnelle.

BALBIANI,

Professeur au Collège de France.

L'EXPOSITION SÉRICICOLE.

L'industrie séricicole n'occupe pas à l'Exposition universelle une place aussi brillante que celle qu'elle aurait pu remplir : beaucoup d'éducateurs de vers à soie et des plus habiles, spécialement d'Italie, nous ont privé de leur participation; en outre, les objets exposés sont disséminés dans des sections diverses, de sorte qu'on ne peut sans quelque difficulté les découvrir et les étudier comparativement.

Mais on oublie bien vite ces lacunes et ces imperfections en constatant que, parmi ces objets, le plus grand nombre offrent les preuves manifestes de progrès très considérables, qu'on n'eût osé espérer il y a quelques années seulement : nous voulons parler des graines indigènes préparées cellulairement, des instruments de sélection, des appareils perfectionnés pour l'élevage des vers, et de toutes les publications scientifiques qui les concernent, parmi lesquelles brille au premier rang l'ouvrage qui a donné le signal de cette renaissance de la sériciculture : les *Études sur la maladie des vers à soie* de M. Pasteur.

Pour avoir une intelligence complète de ces exhibitions, il convient de jeter un regard rétrospectif sur la situation dans laquelle se trouvait l'industrie séricicole il y a une dizaine d'années, afin d'apprécier à la fois les difficultés surmontées et les moyens par lesquels on y est parvenu. En vue de l'avenir de cette même industrie, on considérera aussi les conditions économiques au milieu desquelles s'effectue de nos jours le travail des éducations. Ce travail occupe une place des plus importantes dans l'agriculture du Midi : dans ces contrées, les terres non irrigables ne peuvent admettre que des cultures arbustives: par de profondes racines, la vigne, le mûrier, l'olivier, l'amandier, le figuier vont chercher la fraîcheur sous une surface brûlée par le soleil. Or, la vigne ayant disparu en maints endroits par les ravages du phylloxera, le mûrier est devenu la principale ressource du cultivateur. Aussi l'élevage des vers à soie est-il remis en vigueur par ceux-là mêmes qui l'ont autrefois abandonné.

DES ÉDUCATIONS AU POINT DE VUE HYGIÉNIQUE. — PROGRÈS DUS AUX DÉCOUVERTES DE M. PASTEUR.

Comme tous les êtres vivants, les vers à soie obéissent, dans le cours de leur développement, à deux sortes d'influences : l'hérédité d'une part, et de l'autre l'action des milieux où s'accomplit leur existence. Il faut par suite deux conditions pour que l'élevage de ces animaux soit couronné de succès : 1° posséder pour point de départ des œufs purs de tout vice héréditaire, ou, comme l'on dit, une bonne graine: 2° gouverner les vers d'une manière convenable; c'est ce que les Italiens expriment brièvement par ces mots : *buona semente, buon governo*.

Sous l'un et l'autre point de vue, d'immenses progrès ont été accomplis dans ces derniers temps.

Considérons d'abord ce qui a trait à la graine.

Il est extrêmement probable que, dès l'origine des éducations, les vers à soie ont été sujets aux mêmes maladies que de nos jours, notamment à la *pébrine*. Mais dire pourquoi, depuis 1849, cette dernière maladie a pris une extension extraordinaire en France d'abord, puis en Italie et en Espagne, puis finalement dans tous les pays séricicoles, c'est ce que nous n'oserions entreprendre. Cependant il n'y a pas de doute que parmi ces causes on ne doive compter la transformation des magnaneries, jusqu'alors restreintes à des dimensions modérées, en véritables usines[1], où les vers furent accumulés sans mesure: à quoi il faut joindre la confection industrielle de grandes masses de graine. Peut-être aussi comme le croient certains savants[2], les maladies parasitaires (pébrine, muscardine, etc.) ne sont-elles qu'une suite de quelque affaiblissement des races, causé par l'agglomération des vers, la sélection malentendue de certains types de cocons, et surtout la consanguinité des reproducteurs. Quoi qu'il en soit, en France on crut remédier à la

---

[1] V. de Quatrefages : *Études sur les maladies actuelles des vers à soie*. Paris, 1859.
[2] V. Cristoforo Bellotti : *Sulla flaccidezza del baco da seta*. Milano. 1879.

mortalité qui se déclara dès lors, en doublant et triplant même les **Gr. VIII.**
quantités de graines employées et en tirant ces graines des pays
étrangers. Mais le fléau suivit partout les graineurs : en Italie, en **Cl. 83.**
Espagne, en Turquie, en Chine, au Japon. En même temps,
comme la culture des mûriers ne paraissait plus assez lucrative,
on se mit à les arracher; de 1849 à 1870, la moitié au moins
de ces arbres furent sacrifiés.

Ce n'est pas qu'on méconnût la véritable origine de ces désas-
tres ni le genre de remède qu'il fallait y appliquer. « C'est bien la
«graine, disait M. Dumas en 1857, qui est la cause la plus sérieuse
«des mauvais effets constatés dans ces dernières années. » « Tous
«nos efforts, écrivait M. de Quatrefages en 1859, doivent tendre
«à produire nous-mêmes les graines nécessaires à nos récoltes. »

Mais nul ne fournissait un moyen certain, efficace, pour obtenir
cette santé des graines.

L'Italie, dont la situation était devenue à peu près la même
que la nôtre, trouva pourtant un palliatif au mal, en choisissant
habilement les graines à l'aide du microscope : suivant en cela
les indications données en 1859 par M. Vittadini[1], les sérici-
teurs de cette contrée eurent soin de rejeter toutes les graines où
l'on apercevait certains *corpuscules ovoïdes,* que M. Guérin-Méneville et M. de Filippi avaient déjà signalés dans les vers. Seulement
cette méthode, si avantageuse qu'elle fût en tant que méthode
provisoire de sélection, supposait les graines déjà confectionnées,
et demeurait impuissante à assurer dans l'avenir la production de
graines exemptes des susdits corpuscules.

Telle était la situation, quand M. Pasteur, en 1865, entreprit
l'étude des maladies des vers à soie.

Son attention se porta tout d'abord sur les corpuscules. La pro-
fusion avec laquelle il trouva ces organismes répandus dans les
vers pébrinés lui fit pressentir leur importance. Il reconnut que ces
corpuscules microscopiques, transmis d'un ver à un autre, propagent la pébrine, à la manière des maladies parasitaires; qu'ils
manquent totalement dans les vers et les papillons sains: que ces

[1] *Atti dell' Istituto Lombardo.* Milano, 1859, t. I.

derniers étant non corpusculeux, produisent des œufs qui ne le sont pas non plus à aucun degré; qu'en élevant ces œufs sains, même dans les milieux où existent des corpuscules, on obtient toujours une bonne récolte lorsque d'autres maladies n'interviennent pas, ce qui s'explique par la durée assez longue de la période d'incubation de la maladie corpusculeuse; qu'enfin ces mêmes œufs, élevés dans des contrées saines, ou avec certaines précautions d'isolement dans les contrées infectées, donnent des reproducteurs excellents.

Le problème était ainsi résolu. Qu'y a-t-il, en effet, de plus simple que de faire pondre séparément les papillons destinés au grainage et de conserver exclusivement les pontes des sujets qu'on trouvera exempts de corpuscules?

Cette méthode, connue sous le nom de *grainage cellulaire*, a été proposée au public par M. Pasteur, dès 1865; par quatre années de travaux assidus il en a démontré l'efficacité certaine; enfin, triomphant de mille contradictions, il a réussi à la faire adopter universellement. Cette découverte, qui a si justement mérité à son illustre auteur les plus brillantes distinctions, est aujourd'hui enseignée dans les écoles publiques : les stations séricicoles de Goritz en Autriche, de Padoue en Italie, de Montpellier en France, s'occupent avec ardeur d'en effectuer la vulgarisation dans tout l'Occident; celle de Tokio au Japon poursuit le même but; par elle, la pébrine est définitivement vaincue.

Le grainage cellulaire nécessite des dispositifs spéciaux pour l'isolement des pontes, la conservation des papillons et leur étude au microscope; c'est tout un arsenal d'instruments que le sériciculteur doit savoir employer; hâtons-nous d'ajouter que cette science est des plus faciles et qu'on s'en rend maître par quelques heures d'étude. Tous les détails désirables sur ces questions se trouvent dans les Actes des Congrès séricicoles internationaux qui ont eu lieu en 1870 à Goritz, en 1871 à Udine, en 1872 à Rovereto, en 1874 à Montpellier, en 1876 à Milan, et enfin tout récemment, durant l'Exposition, à Paris, et aussi dans les publications des stations séricicoles susmentionnées.

Grâce au grainage cellulaire, la ruine qui menaçait l'industrie

séricicole a été conjurée; nos anciennes races jaunes ont été re- **Gr. VIII.**
constituées, et si l'on veut mesurer d'un coup d'œil l'importance
du résultat déjà acquis, il suffira de remarquer que, en 1869, les **Cl. 83.**
graines du Japon formaient 70 p. o/o de l'approvisionnement de
nos éleveurs français; cette proportion est réduite actuellement à
moins de 20 p. o/o!

Ici se borneraient les observations à faire sur le grainage, si la
pébrine était la seule maladie qui pût se transmettre d'une génération à la suivante; malheureusement il n'en est point ainsi. La
graine, sans être entachée de corpuscules, peut être cependant affaiblie dans sa vitalité de telle sorte que les vers succombent sous
les premières influences morbides qui pourront intervenir dans le
cours de l'éducation. Les fonctions digestives, en raison même de
leur extrême activité chez ces insectes, seront des premières à se
troubler en pareil cas, et il arrivera souvent qu'une maladie désastreuse, la *flacherie,* dévastera la chambrée.

Or un tel affaiblissement de la graine se manifeste d'une manière
presque certaine quand on prend les papillons reproducteurs dans
une chambrée où la flacherie a sévi après la quatrième mue. Par
conséquent, afin d'éviter une éventualité si dangereuse, il faut apporter le plus grand soin au choix des chambrées qu'on destine à
la reproduction, et n'accepter que celles où la flacherie n'a aucunement paru.

Cette règle, que nous devons encore à M. Pasteur, a une telle
importance aux yeux de ce savant, qu'il a cru devoir l'inscrire en
lettres capitales dans son grand ouvrage *La maladie des vers à soie,*
tome Ier, page 232.

C'est encore la crainte des influences héréditaires de mauvaise
nature qui oblige à rejeter du grainage les papillons mal conformés,
lourds, ou d'aspect défectueux en quoi que ce soit, ceux dont la longévité est trop faible; on rebute pour la même raison les cocons
doubles, faibles, ou d'un type inférieur, ainsi que ceux qui ont
souffert d'un entassement prolongé, ou d'un transport à de grandes
distances. Ces pratiques, trop négligées par les anciens magnaniers,
ne peuvent que fortifier et perfectionner nos races de vers à soie;
elles sont d'ailleurs en parfaite harmonie avec les principes de

sélection qui font loi pour tous les éleveurs d'animaux domestiques.

Pour achever d'assurer la bonne qualité des graines, il faut encore veiller à leur conservation depuis la ponte jusqu'à la mise en incubation : ici encore les années qui viennent de s'écouler nous ont apporté de précieux enseignements. Les expériences de M. le professeur Duclaux (1868) nous ont appris que la graine maintenue toute l'année à une température constante, de 15 à 20 degrés n'éclôt pas ; tandis que, si on la soumet à l'action d'un froid voisin de zéro pendant deux mois environ et qu'on la réchauffe ensuite, elle éclôt parfaitement. Il s'ensuit que pendant l'hiver il ne faut nullement chercher à soustraire la graine à l'action du froid, comme le faisaient jadis beaucoup de magnaniers. Cependant M. Duclaux ne croit pas qu'un froid intense, par exemple de 10 degrés au-dessous de zéro, soit préférable à une température voisine de zéro.

L'hivernation doit se prolonger autant que possible jusqu'à l'époque où l'on prépare la graine à l'incubation : on évite ainsi un développement prématuré de l'embryon. Ce point a paru assez important à divers sériciculteurs italiens pour déterminer les uns à faire hiverner leurs graines dans des pays montagneux très froids, les autres à les conserver dans des établissements spéciaux, sortes de glacières artificielles où l'on maintient la température et l'humidité aux degrés voulus.

Là ne se sont point bornées les recherches relatives à l'éclosion des graines : des découvertes très curieuses ont été faites en Italie et en France sur l'action du frottement, de l'électricité et de quelques substances chimiques : on a pu ainsi obtenir, avec des graines récemment pondues, des bivoltins artificiels. Mais ces études n'étant, à vrai dire, qu'à leur début, et d'ailleurs intéressant moins la sériciculture proprement dite que la physiologie en général, nous nous bornerons à les indiquer, renvoyant pour plus de détails aux ouvrages cités plus haut, et nous passerons maintenant à ce qui regarde la pratique des éducations.

La connaissance des conditions dans lesquelles il convient de tenir les vers à soie est liée intimement à celle de leurs maladies,

particulièrement des maladies contagieuses telles que la pébrine **Gr. VIII.**
et la flacherie. C'est pourquoi, avant les découvertes de M. Pasteur, la science des éducations n'existait pas ; à moins qn'on ne **Cl. 83.**
veuille appeler de ce nom une collection de procédés empiriques.
On savait que les vers à soie ont besoin de respirer, de transpirer
abondamment, de se nourrir d'une façon copieuse, proportionnée
d'ailleurs à la température ; une longue pratique avait appris l'art
de les tenir égaux et de les gouverner à l'époque des mues et de
la montée. Mais on ignorait entièrement pourquoi il faut purifier
les claies et les locaux avant d'y établir les vers ; pourquoi il faut
éviter les poussières dans les balayages et les délitements ; pourquoi
il ne faut pas permettre l'entrée de la magnanerie à tout le
monde indistinctement ; pourquoi une chambrée bien réussie quant
aux cocons peut être détestable pour le grainage ; en un mot, on
ignorait les procédés par lesquels on peut aujourd'hui, non point
empiriquement, mais rationellement, obtenir des vers sains, des
papillons sains, des œufs sains, et garantir les chambrées contre
les causes de destruction, avec tant de succès que, malgré l'inex-
périence d'une foule de gens qui appliquent depuis peu ces procédés, le rendement moyen d'une once de graine posée pour l'éclosion, s'est relevé progressivement depuis neuf ans jusqu'au chiffre
de 20 kilogrammes pour toute la France, et de 40 et même 50
pour beaucoup de localités !

Nous avons rappelé plus haut les principaux faits relatifs à la
propagation de la pébrine.

Ceux qui concernent la flacherie ne sont pas moins intéressants.

D'après M. Pasteur, la flacherie est produite par un développement anormal d'organismes microscopiques (ferments ou vibrions)
dans la feuille qui remplit le canal intestinal des vers. Cette maladie est, à beaucoup d'égards, plus redoutable que la pébrine ;
les germes des ferments et des vibrions sont répandus partout,
et dans les poussières des magnaneries, et dans celles que le vent
emporte qui vont se déposer à la surface de tous les objets. A l'in-
verse des corpuscules, ils ne périssent pas tous par dessiccation
d'une année à l'autre : lorsque l'eau vient à manquer, certains de
ces bâtonnets agiles, qu'on appelle *vibrions*, se réduisent à de

Gr. VIII.

Cl. 83.

petits noyaux brillants où la vie se conserve indéfiniment; ces noyaux ou kystes donneront plus tard naissance à des bâtonnets, dès qu'interviendront à dose convenable la chaleur et l'humidité, et ces bâtonnets, se multipliant alors par segmentation, auront bien vite pullulé d'une façon prodigieuse. Quant aux ferments en chapelets de grains, ils se propagent avec non moins de rapidité dans une bouillie de feuilles de mûrier. Aussi, quand ces productions microscopiques apparaissent dans le canal intestinal des vers, il suffit de quelques heures pour que de vastes chambrées soient anéanties. Et ce qui rend la flacherie encore plus désastreuse pour les éleveurs, c'est qu'elle survient le plus souvent à l'époque de la montée, quand toutes les dépenses sont faites et qu'il semble qu'on tient déjà la récolte.

Les moyens de se garantir contre cette terrible maladie ne peuvent être inspirés que par une connaissance exacte de la manière dont elle se développe. Or c'est un point sur lequel on est encore loin d'être fixé; beaucoup de savants contestent même que les organismes soient la cause première du mal: ils n'y voient que des effets consécutifs d'altérations survenues dans les éléments anatomiques des tissus: la flacherie consisterait, par conséquent, dans de telles altérations. Mais jusqu'à ce qu'elles aient été dûment constatées, et leur corrélation bien établie avec les phénomènes consécutifs déjà connus, il semble plus logique de réserver la dénomination de *flacherie* à l'état présenté par les vers lorsque des ferments ou des vibrions sont en voie de multiplication dans l'intérieur de leur tube digestif. Au surplus, tout le monde s'accorde à reconnaître que cet état pathologique spécial est celui qui existe dans l'immense majorité des vers d'une chambrée en cours de destruction par l'affection à laquelle tous les magnaniers ont donné ce nom. Nous admettrons donc que les organismes sont la cause première du mal.

Partant de là, on se représente assez facilement la suite des faits que produira l'ingestion de ces organismes avec la feuille. Leur nature propre (ferments, vibrions de diverses sortes), leur abondance absolue, la rapidité plus ou moins grande avec laquelle ils sont entraînés de la bouche à l'anus, la qualité et la quantité des sucs qu'ils rencontrent sur ce trajet, ne peuvent manquer

d'exercer une influence. Si la qualité ou la quantité des orga- **Gr. VIII.**
nismes est telle qu'ils ne soient pas tous tués ou paralysés dans
leur multiplication, tant par l'action des sucs digestifs, que par **Cl. 83.**
l'activité des contractions musculaires tendant à l'expulsion des
excréments, les organismes survivants pullulent aussitôt : c'est la
flacherie, qui se termine infailliblement par la mort du ver. Dans
le cas contraire, les organismes n'ont fait que traverser le corps
sans s'y multiplier: il y a eu peut-être un affaiblissement du ver,
il n'y pas eu, à proprement parler, *maladie*.

Tout cela revient à dire qu'il y a entre le ver et les organismes
une *lutte pour la vie*. Il s'ensuit évidemment qu'on évitera la flacherie
autant que faire se peut, en réduisant à un *minimum* la quantité
des poussières malfaisantes, et en tâchant de porter au *maximum*
la force de résistance, autrement dit la robusticité des vers.

C'est précisément le premier de ces deux objets qu'on a en vue
quand on recommande dans les magnaneries la plus scrupuleuse
propreté: avant d'y installer les vers : nettoyage des pavés, murailles,
plafonds, etc., avec un lait de chaux caustique: nettoyage des boi-
series, claies, ustensiles divers, avec une dissolution concentrée
de sulfate de cuivre; nettoyage des toitures, crevasses et interstices
où les liquides n'ont pu pénétrer, par des fumigations d'acide sul-
fureux à haute dose, ou même de chlore, quand rien ne s'y oppose;
éducations petites et un peu précoces; au cours même des éducations, emploi des méthodes de délitage et de balayage les mieux
combinées pour ne pas soulever de poussière. interdiction de la
magnanerie à ceux qui arrivent de locaux infectés: choix d'une
feuille de mûrier très propre. etc.

Le second objet, qui est de procurer aux vers la plus grande
vigueur possible. est celui qu'on tâche de réaliser par les soins
hygiéniques apportés à l'élevage.

La première condition à remplir pour que les vers soient robustes.
c'est qu'ils sortent d'une graine saine, et dont les producteurs
soient eux-mêmes très robustes. Il faut, par conséquent, avoir *des
éducations spécialement conduites en vue du grainage,* et pour ces sortes
d'éducations ne pas se croire astreint aux mêmes règles que pour
les éducations ordinaires, beaucoup de ces règles étant dictées uni-

quement par des raisons économiques, qui n'ont plus de raison d'être dans celles-ci. Ainsi on agite la question de savoir si un mode d'élevage se rapprochant de l'élevage en plein air n'est point préférable au mode ordinaire, quand il s'agit d'obtenir des sujets plus vigoureux. En tout cas, on recommande que ces sortes d'éducations soient commencées *de très bonne heure,* pour profiter de la meilleure saison de l'année: qu'elles soient entreprises *avec un excès de graine* permettant d'éliminer, chemin faisant, tous les sujets moins robustes que la généralité: enfin, qu'elles soient *de très petites éducations,* et cela pour diverses raisons que nous développerons plus loin. Lors de la récolte des cocons et des opérations du grainage, on apporte des précautions spéciales au maniement des cocons. Outre cela, des bacologues très habiles pensent qu'il faut, dans l'accouplement des papillons, éviter une consanguinité trop étroite prolongée pendant un trop grand nombre de générations: ils affirment que le croisement entre des races différentes communique aux sujets qui en résultent une très grande vigueur, et que pour bénéficier de ce résultat, on peut bien sacrifier quelque chose de l'uniformité des types des cocons: que, par exemple, le croisement des races blanches avec les races jaunes présente des avantages certains [1].

La meilleure manière de diriger l'incubation des graines est encore inconnue; on sait seulement que la température doit suivre une marche progressivement ascendante, sans rétrogradation sensible, ni lenteur par trop grande. Un habile éducateur de Milan, M. Susani, étudie en ce moment l'influence que peut avoir la durée totale de l'incubation. Relativement à l'humidité, on sait qu'elle rend l'éclosion plus facile et plus complète, mais on s'accorde généralement à croire que les vers nés d'une graine incubée dans un air sec sont plus vigoureux.

Les soins hygiéniques usités durant le cours des éducations se rapportent à trois chefs principaux : *l'espacement,* la *ventilation* et *l'alimentation.* Quoiqu'on n'ait pas beaucoup modifié dans tout cela les pratiques usitées de tout temps chez les éleveurs habiles, cepen-

[1] V. Cristoforo Bellotti, *op. cit.*

dant on peut dire que les prescriptions qui s'y rapportent parais- **Gr. VIII.**
sent aujourd'hui mieux comprises, et qu'on en sent plus généralement
l'importance.

Cl. 83.

On tient les vers *espacés* : afin qu'ils puissent manger sans trop
se gêner mutuellement surtout dans leur jeune âge; afin qu'ils
puissent respirer un air plus pur; afin qu'ils exhalent plus facilement par transpiration l'énorme quantité d'eau qui pénètre dans
leur corps, la feuille de mûrier fraîche contenant plus de la moitié
de son poids d'eau; enfin on tient les vers espacés, pour qu'ils
aient moins de chances de prendre par contagion la maladie dont
l'un d'eux serait accidentellement affecté. Dans les éducations pour
graines, on accorde 60 mètres carrés aux vers de 25 grammes
de graine, et 40 mètres carrés environ dans les éducations ordinaires.

Pour la *ventilation*, on a renoncé partout aux dispositifs coûteux
des magnaneries dites *modèles;* on trouve infiniment plus simple
de réduire le nombre des vers logés dans un espace déterminé; on
leur ménage ainsi un cube d'air plus considérable, et l'on n'a plus
besoin d'effectuer avec autant de perfection le renouvellement
incessant de cette atmosphère; des trappes dans les plafonds, des
cheminées à large section suffisent alors parfaitement pour la réaliser. La ventilation est généralement aidée par l'action du chauf-
fage, et, ici encore, ce sont les appareils les plus simples qui tendent
à prévaloir, par exemple, les cheminées vulgaires et les fourneaux
rustiques en briques ou autres matières conduisant mal la chaleur.

La cueillette et la garde de la feuille sont aussi l'objet de soins
plus attentifs, de peur surtout qu'une alimentation malsaine n'oc-
casionne la flacherie. Mais si l'on demandait de déterminer exactement le régime le plus propre à donner de la vigueur aux vers,
les sortes de feuilles qu'il faudrait choisir pour cela, combien de
repas par jour il faudrait distribuer, combien de jours il faudrait
faire durer chaque âge, quel degré de température il faudrait
préférer, etc.. on ne pourrait absolument répondre d'une façon
précise à de telles questions, en l'absence des innombrables expériences nécessaires pour fixer tous ces détails. On ignore également
si, par quelque substance chimique appropriée, on ne pourrait pas

Gr. VIII.
—
Cl. 83.

donner aux vers une énergie plus grande, ou aux feuilles du mûrier des qualités hygiéniques plus certaines que dans les conditions ordinaires, de façon à éviter la flacherie.

En dehors des précautions qui tendent à exclure les poussières malsaines, en dehors des soins hygiéniques qui ont pour but de fortifier les vers, il y a encore un point qu'on ne saurait oublier, lorsqu'il s'agit de diminuer les chances de flacherie dans les éducations : nous voulons parler de *l'importance des chambrées*.

Le nombre des vers qu'on tient réunis dans un même local n'est point du tout chose indifférente : on se tromperait fort en considérant comme équivalentes une chambrée de 10 onces, par exemple, et dix chambrées de 1 once chacune. Depuis longtemps, les avantages des petites éducations ont été reconnus : le proverbe dit avec raison : *petite magnanerie, grande filature,* et, en effet, tandis que le rendement moyen des éducations d'une once et au-dessous surpasse 50 kilogrammes, c'est tout au plus si celui des éducations de plus de 3 ou 4 onces atteint la moitié de ce chiffre. Ce fait n'est pas toujours causé par l'insuffisance de l'espacement ou du personnel dans les grandes chambrées : il est une conséquence forcée de l'agglomération. Car, quelque soin qu'on ait apporté à la sélection de la graine, au choix de la feuille, à l'égale distribution de la chaleur, il y a toujours probabilité plus ou moins grande de rencontrer parmi les vers quelques sujets chétifs, parmi les feuilles des parties avariées, et, dans l'étendue de la salle, des points frappés par quelque courant d'air plus froid ou plus humide que dans les autres parties : plus la chambrée sera vaste, et par suite le nombre des claies et des vers plus considérable, plus augmentera la susdite probabilité : conséquemment plus il y aura de risque que des vers ne deviennent malades d'une quelconque des maladies auxquelles ces insectes sont sujets, et, au cas où cette maladie serait la flacherie, plus il y aura de chances que toute l'éducation succombe.

Nous verrons plus loin que les petites éducations offrent, en outre, des avantages considérables sous le rapport économique : on ne saurait donc trop les recommander à tous les points de vue.

En résumé, les considérations précédentes expliquent la place immense que tient la flacherie dans les préoccupations des éleveurs ;

elles montrent même assez clairement l'impossibilité de l'éviter **Gr. VIII.**
avec une entière certitude, mais elles permettent en même temps
d'espérer qu'à force de soins et de persévérance, on arrivera à créer **Cl. 83.**
des races suffisamment robustes pour résister à cette maladie dans
la majeure partie des cas. On peut dire qu'alors la récolte des
cocons n'aura rien de plus aléatoire que celle de la plupart des
denrées agricoles.

II

CONDITIONS ÉCONOMIQUES DES ÉDUCATIONS.

Si la prospérité de l'industrie séricicole ne dépendait que du bon
succès des éducations, abstraction faite des dépenses qu'elles exigent, notre époque serait, pour le moins, aussi favorisée que les
époques réputées si heureuses du temps jadis. Pour s'en convaincre,
il suffit de se remémorer quelques faits assez caractéristiques.

En 1755, à Alais, l'abbé de Sauvages se faisait remarquer de
tout le Languedoc, en récoltant 70 livres de cocons par once
dans une éducation de 7 onces, c'est à dire 28 kilogrammes pour
25 grammes de graine: de son temps, on était très heureux quand
on obtenait de 20 à 24 kilogrammes [1].

« Combien y en a-t-il, disait Buffel en 1775, qui ne récoltent de
cocons que pour leur graine: d'autres qui n'en ont que 10, 15 ou
20 livres par once, et d'autres, mais c'est le plus petit nombre.
30 à 40 [2]. »

De son côté, Nysten s'exprimait comme il suit, en 1808 : « Les
agriculteurs que j'ai eu l'occasion de voir à Coni, à Santal, à Savillan,
à Turin et dans les environs retirent souvent moins de 30 livres de
cocons par once de graine, jamais au delà de 35 à 40 [3]. »

« Une moyenne de 20 kilogrammes à l'once de 25 graines, di-

[1] Les gratifications accordées par les états du Languedoc à l'abbé de Sauvages, de
1752 à 1755, furent ainsi motivées : « Il justifia que 7 onces de graine lui produisi-
rent 5 quintaux de cocons, ce qui fit 70 livres par once de graine, qui est beaucoup
plus que l'on ne recueille dans les bonnes années. » (*Archives de la Préfecture de l'Hé-
rault*, C. 2288.)

[2] *Réflexions critiques*, par Buffel, inspecteur des manufactures du Languedoc.
Paris, 1775.

[3] Nysten, *Recherches sur les maladies des vers à soie*. Paris, 1808.

sait Dandolo en 1815, est une estimation probablement exagérée pour ce qui regarde la Lombardie [1]. »

En France dans les huit années les plus productives de ce siècle (1846-1853), le rendement moyen atteint tout au plus 18^{kg}400 [2].

Ce n'est donc pas fixer trop bas la limite des récoltes considérées autrefois comme satisfaisantes, que de l'arrêter à 19 kilogrammes. Or non seulement ce chiffre a été dépassé en 1877 dans toute la France, mais encore le rendement moyen s'élève à plus du double dans les départements où les vers à soie sont plus attentivement soignés, en vue de la production de la graine.

Les tableaux suivants montrent comment ces progrès se sont accomplis depuis 1870, graduellement, et en quelque sorte proportionnellement à l'extension des nouvelles méthodes :

PRODUIT MOYEN (EN KILOGRAMMES) D'UNE ONCE DE GRAINE POSÉE À L'ÉCLOSION

	1871	1873	1875	1877
Alpes-Maritimes	//	15	23	20
Ardèche	11	9	13	17
Basses-Alpes	29	28	28	28
Drôme	15	10	14	14
Gard	10	12	18	21
Hautes-Alpes	//	35	45	30
Hérault	11	11	13	14
Isère	17	4	13	11
Pyrénées-Orientales	//	//	42	50
Var	24	24	32	40
Vaucluse	15	14	20	26

STATISTIQUE POUR TOUTE LA FRANCE.

	POIDS DES COCONS produits.	POIDS DES GRAINES mises à éclore.	GRAINES du Japon.	RENDEMENT à l'once.
	kilogrammes	onces de 25 gr.	p. o/o	kilogrammes
1869	8,100,000	957,000	70	8
1871	10,320,000	796,000	64	14
1873	8,360,000	740,000	57	11
1875	10,770,000	660,000	41	16
1877	11,400,000	562,000	19	20

Nous appelons particulièrement l'attention sur la quatrième colonne de ce dernier tableau : elle prouve de la manière la plus

[1] Dandolo, *Dell'arte di governare i bachi da seta*. Milan, 1815.
[2] Pasteur, *études sur la maladie des vers à soie*. Paris, 1870.

significative l'abandon progressif des races japonaises, ou en d'autres termes le retour à nos races indigènes, dont la soie est beaucoup plus précieuse. A cela l'éducateur gagne doublement : il vend ses cocons plus cher, et, faisant lui-même sa graine, il l'obtient à moins de frais et de qualité plus sûre.

Mais, à côté de ce résultat heureux, la troisième colonne en montre un autre bien différent, qui est la diminution également progressive des quantités de graine mises en culture par nos éleveurs: en huit ans, la réduction est de 40 p. o/o. Il arrive donc ce fait très singulier, que depuis 1869, au fur et à mesure que l'industrie séricicole s'est perfectionnée et a donné des rendements plus élevés, elle a perdu de son extension. Ce fait mérite d'autant plus d'appeler l'attention qu'il coïncide avec une réduction également considérable de nos vignobles, et ne peut par suite s'expliquer par la substitution d'une autre culture à la culture du mûrier. Il faut donc chercher ailleurs les causes qui ont pu entraver le développement de l'industrie séricicole, juste au moment où elle recevait des découvertes de M. Pasteur de nouveaux éléments de vitalité.

Ces causes résident, selon toute apparence, dans les conditions économiques nouvelles de la vie et du commerce.

Les frais d'éducation sont bien plus élevés qu'autrefois, et le prix des cocons demeure au contraire très bas.

Les soies d'Orient font aux nôtres une concurrence difficile à soutenir.

Enfin la consommation des soies a diminué, au moins en France.

Et d'abord, si nous considérons les dépenses qu'exige l'éducation d'une once de graine, nous trouvons qu'elles diffèrent assez, suivant les localités et suivant l'importance des chambrées, pour que leur évaluation *absolue* soit presque impossible; mais, d'une manière *relative*, on peut estimer qu'elles ont varié, depuis vingt ou trente ans, à peu près comme il suit :

	ALTREFOIS.	AUJOURD'HUI.
Prix d'une once de graine..................	2^f 50^c	10^f 00^c
Prix de la feuille pour 1 once.............	30 00	42 00
Prix de 30 journées de travail.............	37 50	45 00
Menus frais (chauffage, papier, etc.)........	15 00	18 00
Totaux.....	85 00	115 00

Il s'ensuit qu'en supposant les cocons à 5 francs le kilogramme, l'éducateur avait ses frais payés par une récolte de 17 kilogrammes, tandis qu'il lui en faudrait aujourd'hui 23; avec la moyenne de 19 kilogrammes, il était en bénéfice; il se trouve aujourd'hui en perte.

Si le prix des cocons s'élevait à 6 francs, la moyenne de 19 kilogrammes laisserait les recettes balancer à peu près exactement les dépenses; mais les éducateurs ne sauraient compter sur une telle hausse; l'effet contraire serait même plus probable, et en voici la raison.

L'ouverture du canal de Suez, en 1869, a eu cette conséquence remarquable de faciliter les importations des soies d'Orient, à tel point qu'elles ont pris une place prépondérante dans la fabrication européenne. Elles ont été et sont encore très recherchées, non pas que leur qualité soit supérieure à celle de nos soies indigènes, car elles sont au contraire généralement filées d'une manière imparfaite, et sont moins propres que les nôtres à la confection des tissus de premier choix; mais elles sont produites et peuvent être vendues à très bon marché, en raison du bas prix de la main-d'œuvre dans tout l'Orient et surtout en Chine; d'ailleurs elles sont susceptibles de supporter de fortes surcharges de teinture. Il n'y a qu'à parcourir les chiffres suivants, pour juger de la consommation qui s'en fait et de la faveur dont elles jouissent auprès de nos fabricants.

SOIE GRÈGE PRODUITE EN EUROPE ET IMPORTÉE D'ORIENT.

		1873	1875	1877
		tonnes.	tonnes.	tonnes.
Soie produite	en France............	549	732	873
	en Italie............	2,336	2,606	1,506
	en Espagne et Portugal..	130	118	68
	en Turquie et Grèce....	357	433	294
	en Perse et Caucase....	317	310	310
Soie importée	de Chine............	3,543	4,309	3,740
	du Japon	726	679	1,040
	de l'Inde............	645	386	672
	TOTAUX.....	8,603	9,573	8,503

Sur ces quantités, la fabrique française met en œuvre trois ou

quatre millions de kilogrammes, sans compter les soies indigènes. **Gr. VIII.**
Nous trouvons dans le rapport de M. Natalis Rondot sur l'Exposition
universelle de Vienne, un aperçu du rôle qu'ont joué dans notre **Cl. 83.**
économie nationale ces soies d'Orient; d'après ce savant écrivain,
par suite de la division des fortunes, du nivellement des conditions,
des tendances démocratiques, en un mot, le goût de la soie s'est
répandu dans un public de jour en jour plus nombreux; pour
donner satisfaction à des demandes pressantes, juste au moment
où les belles soies étaient rares et chères, on a pris le parti d'affai-
blir la qualité des tissus par l'emploi des soies d'Asie, le mélange
de fils de schappe et d'autres matières textiles avec la vraie soie,
et enfin par la surcharge en teinture. « Cette dernière pratique, dit
M. Rondot, n'aurait pas été en général un moyen indigne de profit,
mais une inévitable nécessité résolvant le problème de la vente
des soieries à prix réduits. »

Nous ne saurions être du même avis, attendu que ces fausses
soieries ne portaient aucun signe caractéristique qui permît de les
distinguer sans peine des véritables. D'après divers publicistes [1],
les fabricants auraient en effet obéi purement et simplement à un
calcul de spéculation, en suivant l'impulsion des grandes maisons
de ventes, qui veulent se prévaloir de posséder de *belles étoffes à
bon marché;* de là cette production de tissus de belle apparence
mais peu solides et surchargés de teinture; de là aussi la faveur
des soies asiatiques et la dépréciation des soies de nos propres
filatures.

Quoi qu'il en soit, il est certain qu'une foule d'acheteurs ont été
victimes de ces altérations dans la qualité des tissus; payant pour
avoir de la soie, ils n'en ont reçu pour ainsi dire que l'ombre.
Même sur les rayons des magasins, ces étoffes surchargées de 100,
200, 300 et même 400 p. o/o de matières chimiques, quantités décuples de ce qu'elles pourraient être d'une manière normale,
se coupent, se corrodent et tombent en poussière. Aussi voit-on
de plus en plus la consommation abandonner une telle soie, et se
porter de préférence vers les étoffes de laine. D'aucuns l'ont attri-

---

[1] Voir *Moniteur des soies* de Lyon, 18 décembre 1875 et 1ᵉʳ février 1879.

bué à la versatilité de la mode, mais il faut avouer que cette fois la mode est d'accord avec le bon sens. La véritable étoffe de soie, si tant est qu'elle existe encore, n'a rien qui la distingue pour le public des étoffes falsifiées.

Aussi est-ce sans étonnement que nous voyons un groupe de filateurs importants de la Drôme et de l'Ardèche émettre le vœu que les fabricants soient obligés désormais d'accuser visiblement à l'extérieur la qualité des soieries par un liséré de couleur déterminée, et de se soumettre à un contrôle: c'est ainsi que la bijouterie est assujettie à un poinçonnage, et les soies grèges, à un conditionnement: encore peut-on dire, relativement aux soies grèges, que l'addition d'eau visée par ce conditionnement ne peut en altérer la qualité, ni en augmenter le poids de plus d'un quart, tandis que les surcharges métalliques sont absolument nuisibles aux étoffes et vont jusqu'à tripler ou quadrupler leur poids: la répression de cette fraude se fait donc désirer très vivement.

Cependant, en admettant même que, par ces moyens ou par d'autres, on arrive à réhabiliter l'usage des soieries dans le grand public, il n'est pas probable que le prix des cocons éprouve de ce fait une amélioration bien sensible: ce prix restera gouverné par les importations d'Orient. Faut-il pour autant, comme le désireraient beaucoup d'éleveurs, frapper les soies d'Asie d'un droit de douane à leur entrée en Europe? Sans parler de la difficulté de faire admettre une semblable mesure par tous les gouvernements, il est bon de considérer qu'elle serait préjudiciable aux fabricants d'étoffes, et que, dans les limites où de semblables droits seraient admissibles, ils seraient insuffisants pour procurer des bénéfices sensibles aux petits éleveurs, c'est-à-dire à ceux précisément dont il s'agit de sauvegarder le plus les intérêts. Cherchons donc s'il n'existerait pas d'un autre côté quelque moyen de salut plus accessible, plus assuré, et qui puisse réunir tous les suffrages.

Ce moyen, tout le monde le connaît : il consiste à réduire les chambrées aux proportions minimes de ce qu'on appelle *les petites éducations*. Elles offrent des avantages de toute sorte : réduction des frais à leur extrême limite, car la plus grande partie du travail se fait à temps perdu par les personnes de la maison, dans les intervalles de leurs autres occupations; d'autre part, augmentation **Gr. VIII.** énorme du rendement par suite des bonnes conditions hygiéni- **Cl. 83.** ques qui sont alors des plus faciles à réaliser. On a déjà dit que, dans les grandes magnaneries, les dépenses de main-d'œuvre sont toujours considérables, et les chances d'insuccès atteignent presque leur maximum. Le système des petites éducations n'est pas autre que celui que suivent les Orientaux; c'est par d'innombrables petites chambrées de demi-once que la Chine arrive à produire ces colossales quantités de soies qui font péricliter la sériciculture européenne; c'est par de petites éducations, et avec l'avantage d'avoir des graines sélectionnées susceptibles de rendements élevés, que nous arriverons à soutenir la concurrence avec eux. Les propriétaires de vastes étendues de terres peuvent, au moyen de cultures bien ménagées, obtenir la feuille de mûrier plus économiquement que les petits éleveurs, qui en général disposent seulement d'un terrain peu étendu; c'est donc aux premiers qu'incombe le devoir d'organiser autour d'eux et d'alimenter cette infinité de petites chambrées, dont chacune, bornant son but à quelques kilogrammes de cocons, les produira sûrement, et dont l'ensemble fournira en somme une récolte plus élevée que la récolte actuelle. Il appartient aussi aux sociétés agricoles d'encourager ces petites éducations, en distribuant gratuitement aux personnes de bonne volonté de petits lots de graine saine, pour servir de point de départ à leurs essais; l'achat de ces lots aux producteurs les plus honorables et les plus soigneux serait aussi pour les graineurs un motif d'émulation précieux. Depuis cinq ans la station séricicole de Montpellier a adopté le système des distributions de graine par très petites quantités, et les résultats ont été des plus encourageants.

Au moyen de l'éparpillement des chambrées, au moyen des méthodes de grainage par sélection, enfin avec le secours de l'hygiène de jour en jour mieux connue, spécialement en ce qui regarde l'exclusion des poussières malfaisantes, il nous semble que l'industrie séricicole peut soutenir la lutte contre toutes les causes de ruine qui la menacent. Sans doute, dans les circonstances exceptionnellement défavorables au milieu desquelles cette industrie se trouve en ce moment, elle perdra plus ou moins de son extension; mais

Gr. VIII.
—
Cl. 83.

ces circonstances peuvent se modifier, grâce à un ensemble de mesures qui jusqu'à un certain point sont au pouvoir des éleveurs eux-mêmes; dès lors les mêmes principes qui l'ont sauvée déjà d'une ruine complète assureront son développement. Aussi nous avons l'intime conviction qu'elle reprendra bientôt son rang parmi les plus belles et les plus riches de nos industries nationales.

E. MAILLOT.